NOUVELLES ÉTUDES

SUR LES

POUZZOLANES ARTIFICIELLES

COMPARÉES

A LA POUZZOLANE D'ITALIE.

PARIS. — IMPRIMERIE DE FAIN ET THUNOT,
Rue Racine, 28, près de l'Odéon

NOUVELLES ÉTUDES

SUR LES

POUZZOLANES ARTIFICIELLES

COMPARÉES

A LA POUZZOLANE D'ITALIE

DANS LEUR EMPLOI EN EAU DOUCE ET EN EAU DE MER

PAR

L. J. VICAT,

ANCIEN ÉLÈVE DE L'ÉCOLE POLYTECHNIQUE,
INGÉNIEUR EN CHEF DIRECTEUR AU CORPS ROYAL DES PONTS ET CHAUSSÉES,
CORRESPONDANT DE L'ACADÉMIE DES SCIENCES, COMMANDEUR DE LA LÉGION D'HONNEUR,
CHEVALIER DES ORDRES ÉTRANGERS DE SAINTE-ANNE
ET DE L'AIGLE-ROUGE.

Est etiam genus pulveris quod efficit naturaliter res admirandas... quod commixtum cum calce et cæmento, non modo cæteris ædificiis præstat firmitates, sed etiam moles quæ construuntur in mari, sub aqua solidescunt.

VITRUVE.

PARIS.

CARILIAN-GŒURY ET Vve DALMONT, ÉDITEURS,

LIBRAIRES DES CORPS ROYAUX DES PONTS ET CHAUSSÉES ET DES MINES,

Quai des Augustins, nos 39 et 41.

1846

A MONSIEUR LEGRAND,

SOUS-SECRÉTAIRE D'ÉTAT DES TRAVAUX PUBLICS,
DÉPUTÉ DE LA MANCHE,
GRAND OFFICIER DE LA LÉGION D'HONNEUR.

MON HONORABLE AMI,

J'ai essayé d'aborder, sinon toutes les difficultés que comporte le sujet traité dans cet ouvrage, du moins toutes celles dont la solution était réclamée par les besoins urgents de nos divers services; j'ai compris quelle a dû être votre sollicitude et celle de MM. les directeurs des travaux maritimes, quand s'est révélé, il y a peu de temps, un fait jusqu'alors inconnu dans nos annales, savoir, que l'eau de mer attaque et décompose progressivement certaines combinaisons de chaux et de pouzzolanes qui résistent parfaitement à l'eau douce.

La portée d'une telle observation, pour la durée des travaux de sûreté et de future défense de nos ports et de nos rades, a dû paraître à tous d'une haute gravité : d'immenses capitaux compromis et une perte que rien ne répare, celle du temps, tel était le danger, lorsqu'un heureux hasard a mis la science sur la voie des réactions chimiques qui s'opèrent entre les sels de l'eau de mer et les éléments ordinaires dont se composent les bétons.

Je n'ose me flatter d'avoir suivi dans toutes leurs phases les causes du phénomène ; mais je crois avoir clairement assigné celles qui, en cette circonstance, jouent le principal rôle, et indiqué en même temps les conditions à remplir pour en paralyser les effets.

Je ne pouvais livrer mon travail à la publicité sans vous remercier par la même voie de l'empressement que vous avez mis à seconder mes efforts, non-seulement en cette occasion, mais encore dans toutes celles où, pour mes recherches antérieures, j'ai eu besoin d'invoquer votre assistance.

Je dois dire aussi que dans cette manifestation un sentiment d'amour-propre se joint à celui d'une stricte justice : c'est de pouvoir, en vous témoignant par ce faible hommage une haute considération et un respectueux dévouement, m'enorgueillir en même temps de la bienveillante amitié qui, depuis trente ans, a présidé à toutes nos relations.

VICAT.

Grenoble, ce 15 février 1846.

TABLE DES MATIÈRES.

INTRODUCTION.

PREMIÈRE SECTION.

POUZZOLANES POUR L'EAU DOUCE.

DEUXIÈME SECTION.

POUZZOLANES POUR L'EAU DE MER.

NOUVELLES ÉTUDES

SUR

LES POUZZOLANES ARTIFICIELLES

COMPARÉES

A LA POUZZOLANE D'ITALIE.

INTRODUCTION.

La pouzzolane, terre volcanique, se trouve principalement dans le royaume de Naples; son nom lui vient des collines de Pouzzoles, où elle s'exploite. Sénèque et Pline l'ont célébrée, mais d'une manière plus poétique qu'exacte (1). Vitruve en donne une idée précise ainsi qu'il suit : « Il est, dit-il, une espèce de poudre qui effectue naturel-
» lement des choses admirables; elle se trouve dans le pays de Baïe
» et sur le territoire des villes privilégiées (*municipiorum*), situées
» autour du mont Vésuve; mêlée avec de la chaux et de la blocaille,
» elle contribue non-seulement à la solidité des édifices ordinaires,

---

(1) *Puteolanus pulvis, si aquam attigit, saxum est* (Seneca, lib. III, nat. quest., pag. 827).

Verùm et ipsius terræ sunt alia commenta : quis enim satis miretur pessimam partem ideòque pulverem appellatum in puteolanis collibus opponi maris fluctibus, mersumque, protinùs fieri lapidem unum inexpugnabilem undis, et fortiorem quotidiè, utique si cumano misceatur cæmento? (Auct. Plin., lib. XXXV, cap. 13.)

» mais elle fait durcir sous l'eau les môles que l'on construit à la » mer (1). »

Les anciens Romains avaient, comme on le voit, une très-haute idée de la pouzzolane ; c'est sur son emploi qu'ils fondaient le succès de tous leurs grands travaux hydrauliques. Vitruve attribue ses belles propriétés à l'action des feux souterrains, et essaye de les expliquer comme il suit : « L'action de ces feux, dit-il, est de rendre la terre » légère et aride, en la privant d'eau ; et, lorsque ces trois substances » formées de la même manière par la violence du feu (la chaux, la » pouzzolane et le cément (2) viennent à se confondre en un seul » mélange, la présence de l'eau les agglomère aussitôt et les solidifie » promptement, sans que les flots ni l'effort des eaux puissent les dis- » soudre (3). »

Cette explication du fait par le fait lui-même est tout ce qu'elle pouvait être à cette époque. N'en soyons point étonnés ; car, il y a vingt et quelques années que sur ce point nous étions à peu près aussi avancés que l'architecte d'Auguste. Déjà cependant on connaissait la propriété de l'eau de chaux, de précipiter en unions binaires la silice et l'alumine de leur dissolution dans la potasse, et ce fait chimique devait suffire, sinon pour démontrer, du moins pour indiquer la possibilité d'une combinaison entre la chaux et les deux principes dominants de toute pouzzolane ; or, non-seulement cette idée ne vint à personne, mais, quelques années plus tard, un célèbre chimiste

---

(1) *Est etiam genus pulveris, quod efficit naturaliter res admirandas ; nascitur in regionibus Baianis et in agris municipiorum quæ sunt circa Vesuvium montem, quod commixtum cum calce et cæmento, non modò cæteris ædificiis præstat firmitates, sed etiam moles quæ construuntur in mari sub aquâ solidescunt* (Vitruv., archit., lib. II, cap. 6).

(2) Les commentateurs ne sont pas d'accord sur la signification du mot *cæmentum*. Il paraît évident cependant, d'après le sens des passages où Pline et Vitruve l'ont employé, qu'il doit s'appliquer à toute nature et à toute grosseur de moellon. Le *cæmentum cumanum* était une lave poreuse des environs de Cumes, très-recherchée à cause de sa texture pumiforme.

(3) *Ergò cùm tres res, consimili ratione ignis vehementiâ formatæ, in unam pervenerint mixtionem, repentè recepto liquore, unâ cohærescunt et celeriter humore duratæ, solidantur. Neque eas fluctus, neque vis aquæ potest dissolvere* (Vitruv., arch., lib. II, cap. 5).

allemand, le docteur John de Berlin, résumait comme il suit des observations diamétralement contraires, sur les substances diverses qu'on est dans l'usage d'allier avec la chaux : « Les alliages, disait-il, » se comportent d'une manière entièrement passive..... Des circon- » stances locales peuvent bien souvent donner aux alliages qui » absorbent l'humidité, tels que la *pouzzolane*, le *trass*, les frag- » ments de tuiles, etc., la préférence sur ceux qui n'absorbent pas » l'eau ; nommément, les grains de quartz, le sable, les scories, etc. ; » mais en général, *les derniers sont préférables aux premiers.* »

Dans le cours de son mémoire, le même auteur dit positivement : » Que si la bouillie de chaux ne s'endurcit pas par elle-même et toute » seule, cela ne peut s'opérer non plus par des mélanges..... Qu'ainsi » l'addition de substances pulvérulentes, comme l'oxyde de fer, la » poudre de tuileau, etc., n'est jamais un moyen d'améliora- » tion (1). »

Il résulte évidemment de ces passages que, aux yeux du chimiste allemand, le témoignage de l'antiquité et les prodiges hydrauliques attribués à la pouzzolane par les modernes sont autant d'exagérations. Le docteur John ne pouvait ignorer cependant qu'un chimiste français, dont le nom commande une haute estime, Chaptal, avait, en 1786, confirmé, par des expériences authentiques, l'opinion des constructeurs sur les belles propriétés de cette substance, et qu'à raison même de ses convictions, l'illustre professeur de Montpellier proposait d'imiter le *pulvis puteolanus* de l'Italie par la torréfaction des argiles ferrugineuses : « Nous trouvons fréquemment sur la surface » du globe, disait-il, des terres analogues à cette terre volcanique, » et il ne leur manque que d'avoir éprouvé l'action d'un feu violent, » pour ne pas en différer du tout. J'ai cru que le feu de nos four- » neaux, plus actif que celui des volcans, puisque nous vitrifions

(1) *Mémoire sur les chaux et mortiers en général* ; pièce de concours couronnée par la Société hollandaise des sciences (John, Berlin, chez Dunker et Humblot, 1819).

» aisément ce que le volcan ne fait que fritter, pourrait le remplacer » avec avantage (1). »

Chaptal traite ensuite du choix des terres propres, selon lui, à fournir des pouzzolanes artificielles, et met en première ligne les argiles ocreuses généralement connues sous le nom de terres bolaires; les plus rouges, celles surtout qui contiennent de la mine de fer en grain, lui ont paru les meilleures. Il insiste principalement sur l'influence avantageuse du principe ferrugineux; il y croit à tel point, qu'il assure avoir bonifié la qualité de certaines terres, en les arrosant avec une dissolution de couperose, ou en les gâchant avec du mâchefer bien pilé.

L'opinion de Chaptal sur l'efficacité de l'oxyde de fer a longtemps fait loi. Elle prévaut encore dans l'esprit de beaucoup d'ingénieurs. Feu Gratien Lepère en était imbu à ce point, qu'il prescrivait, en 1805, d'éteindre dans de l'eau saturée de cet oxyde la chaux destinée à la fabrication du béton. Guyton de Morveau lui-même paraît partager cette opinion dans les divers rapports, à la rédaction desquels il concourut, comme président d'une commission d'examen des essais de pouzzolanes artificielles fabriquées à Cherbourg, de 1805 à 1807 (2). On lui doit à ce sujet une remarque importante, savoir : que la cuisson au contact du charbon peut réduire l'oxyde de fer, et faire perdre aux substances qui le contiennent toutes leurs qualités, au lieu de leur en donner (3).

Les conséquences de cette observation passèrent inaperçues. Quant aux essais de Gratien Lepère, il est certain qu'ils ne répondirent ni à son zèle ni à ses efforts, puisque les pouzzolanes fabriquées avec ses schistes avaient absolument besoin de chaux hydraulique pour durcir,

---

(1) *De la manière de fabriquer les pouzzolanes artificielles*, par Chaptal, professeur de chimie des États de Languedoc. 1786.

(2) *Premier et deuxième Recueils de divers mémoires sur les pouzzolanes naturelles et artificielles*, par Gratien Lepère, ingénieur des ponts et chaussées (Paris, 1805 et 1807).

(3) Le fer passant à l'état de protoxyde s'unit à la silice et forme un protosilicate de fer inerte.

sans pouvoir même dans ce cas atteindre, à beaucoup près, la cohésion offerte par les bétons à pouzzolane d'Italie.

En France donc, vers 1819, les chimistes et les hommes spéciaux admettaient comme incontestable, la propriété hydraulique de la pouzzolane d'Italie, du traass et de quelques produits artificiels analogues. En Allemagne, un chimiste distingué refusait à ces substances toute espèce d'énergie. En France, la vieille technique, d'accord avec Chaptal sur l'efficacité de l'oxyde de fer et d'un feu violent, ne voyait de pouzzolanes artificielles passables que dans les tuileaux et argiles rouges bien cuits.

Si l'on veut bien considérer qu'à cette époque, la vraie constitution des argiles, les modifications chimiques que le feu leur imprime, et enfin leur différente manière d'agir sur les chaux plus ou moins grasses, plus ou moins hydrauliques, étaient choses à peu près inconnues, on s'expliquera facilement comment, entre des mains nécessairement novices, ces sortes d'expériences durent conduire à des résultats disparates.

Éclairé par une étude toute spéciale de ces difficultés, nous terminions précisément à la même époque (1819) une série de recherches, desquelles il semblait résulter bien évidemment, que toutes les substances connues sous le nom d'argiles, pourvu qu'elles soient douces, fines, peu chargées en sable et en carbonate de chaux, peuvent être transformées en pouzzolanes tantôt égales, tantôt supérieures à la pouzzolane d'Italie, par l'effet d'une très-légère calcination avec concours de l'air. Rien dans ces expériences n'indiquait que la présence du fer fût nécessaire; car si parmi les argiles essayées, quelques-unes en contenaient de 8 à 10 pour 100, d'autres n'en offraient pas une trace; d'autres enfin se trouvaient altérées par la présence d'une certaine quantité de carbonate de chaux, et nonobstant ces différences, toutes se prêtaient admirablement à la transformation indiquée.

Nous reconnaissions en même temps qu'après cette calcination modérée, les argiles sont bien plus facilement attaquées par les réactifs acides et alcalins qu'auparavant; nous constations également qu'au terme d'une calcination extrême, les mêmes réactifs n'ont plus d'action. En présence de ces faits et de quelques remarques entièrement nouvelles, sur les propriétés hydrauliques particulières de la silice et de l'alumine, extraites des argiles ou préparées par les moyens ordinaires, il était impossible de ne pas pressentir que les affinités jouent un rôle exclusif dans l'union trinaire des principes essentiels des bétons, chaux, silice et alumine; et que ces affinités sont la cause immédiate de la solidification progressive, et de la cohésion finale, à laquelle ces composés parviennent sous l'eau. Telle fut alors notre opinion corroborée par l'assentiment de M. Gay-Lussac (1); opinion fortifiée depuis par des observations également nouvelles, sur l'effet de la pouzzolane projetée en poudre fine dans l'eau de chaux et sur la promptitude avec laquelle durcissent les bétons immergés dans l'eau chauffée à 40° centigrades.

Cette manière de voir a été assez généralement adoptée; personne, que nous sachions, n'a contesté en France ni à l'étranger les faits sur lesquels elle s'appuie; mais il n'en a pas été ainsi du degré de cuisson qui donne aux argiles le maximum de puissance hydraulique. Cette question et celle qui touche à la nature et au nombre des principes vraiment actifs des pouzzolanes, ont été vivement et longuement controversées, sans amener en définitive aucune solution satisfaisante. Le général du génie Treussart, dans un volumineux ouvrage, publié dix ans après nos premières études, dit expressément : « Que nous
» avons été dans l'erreur, en faisant résider tout le mystère des pouz-
» zolanes non dans la présence du fer et de la chaux, mais bien dans
» un état particulier de combinaison de la silice et de l'alumine (2). »

(1) *Recherches sur les pouzzolanes artificielles*; mémoire lu à l'Académie des sciences, le 1er février 1819. Rapport de M. Gay-Lussac, lu dans la séance du 4 octobre de la même année.

(2) *Mémoires sur les mortiers hydrauliques*, pag. 91 et 100. Treussart. 1829.

Après quelques notes échangées entre l'honorable général et nous, toute discussion devint impos-

Car, à en croire l'auteur, la chaux contenue dans les argiles exerce *une grande influence ;* il est vrai que plus loin, mais toujours dans le même livre, la chaux est considérée comme ne pouvant pas *augmenter beaucoup l'énergie des pouzzolanes.* Il est vrai de dire encore que sur un tableau comparatif des résistances de divers bétons à la rupture, on voit les plus faibles résultats appartenir précisément aux seules pouzzolanes contenant de la chaux ; ces contradictions (nous en abrégeons le nombre) n'ont pu, il faut bien le reconnaître, jeter une grande lumière sur la théorie des phénomènes observés (1).

Quant au degré de calcination à préférer, l'opinion du général Treussart paraît un peu moins flottante. Il affirme n'avoir reconnu l'influence favorable d'une légère cuisson qu'à l'égard des argiles calcarifères ou marnes. Il prescrit au contraire de calciner assez fortement toutes les autres, et indique, pour terme pyrométrique, le degré qui convient *à la brique bien cuite*, et même quelque chose de plus (2). C'est retomber, comme on voit, sur l'ancienne formule du tuileau bien cuit.

M. l'ingénieur des ponts et chaussées Petot, dans ses savantes recherches sur la chaufournerie, adopte l'opinion du général Treussart, et croit pouvoir la concilier avec la nôtre (3) par les considérations suivantes : « Une cuisson très-modérée, une incandescence de » quelques minutes, dit M. Petot, comparées à ce qu'exige en grand la » calcination de la chaux, ou même la cuisson des briques, semblent » entraîner avec elles l'idée d'un degré de chaleur facile à atteindre, » et par suite, la nécessité d'une influence particulière due au contact

sible. C'était la confusion des langues : le général considérait la silice des argiles comme un quartz très-fin, simplement mélangé avec l'alumine, etc., tellement, qu'il croyait pouvoir rendre à volonté une argile plus alumineuse par des lavages et des décantations successives. Dès lors, toute conception rationnelle se trouvait exclue (Voyez pag. 103 et 116 de l'ouvrage cité).

(1) *Mémoire sur les mortiers hydrauliques*, pag. 109, 111 et 112.

(2) *Ibid.*, pag. 110 et 176.

(3) Nous nous sommes constamment déclaré contre les prescriptions de forte cuisson.

» de l'air atmosphérique; il ne sera donc pas sans intérêt de rectifier » cette opinion par de nouvelles expériences (1). »

Or, voici en quoi consistent les nouvelles expériences annoncées : ayant fait cuire successivement une poudre calcaire et une poudre argileuse sur des plaques de tôle, placées sur du charbon de bois, dans une petite forge, M. Petot a trouvé qu'après 15 à 20', *la poudre calcaire était devenue chaux*, et qu'après 20 à 25', *l'argile était devenue pouzzolane au maximum d'énergie.* « Ainsi donc, ajoute cet » ingénieur, on reproduit en quelques minutes, sur des plaques de » tôle, le même effet que dans un four après plusieurs jours de » chauffage. » « Ces expériences, est-il dit plus loin, font voir que le » degré de chaleur nécessaire pour convertir l'argile ocreuse en bonne » pouzzolane, diffère peu de celui qui convient *pour la calcination » complète de la chaux*, et par conséquent, peut être assimilé à » celui qui convient pour la cuisson de la bonne brique (2). »

Le vice de cette conclusion est palpable; en effet, lorsque, dans le langage ordinaire et dans celui de la technique, on prend pour terme de comparaison la cuisson de la chaux et de la bonne brique, c'est évidemment de la cuisson pratiquée en grand, selon les méthodes en usage, que l'on entend parler; or, chacun sait qu'à raison de la grosseur de la pierre et de la difficulté que son volume oppose au dégagement de l'acide carbonique, on est obligé de produire dans les fours un degré de chaleur qui varie du rouge vif au rouge blanc, c'est-à-dire, de 80 à 90° pyr. Il n'y a donc aucune identité d'intensité entre cette chaleur extrême et celle qui suffit pour cuire plus ou moins complétement une parcelle impalpable de carbonate de chaux, posée sur une feuille de tôle chauffée au rouge plus que brun (10 à 15° pyr.). Il n'y en a pas davantage entre ce rouge ordinaire de quelques minutes et le rouge vif de 24 à 30 heures, qui donne à la

(1) *Essai sur la chaufournerie*, pag. 110 et 112. Petot. 1833. Paris, imprimerie royale.
(2) *Ibid.*, pag. 114.

brique le degré de cuisson reconnu excellent par les chaufourniers.

La rectification, ou plutôt la conciliation essayée, ne concilie absolument rien, et la dissidence qui existe entre le général Treussart et nous, sur la cuisson des pouzzolanes, porte bien tout entière sur les choses et non sur les mots, comme le croit M. Petot. Nous ajouterons que la préoccupation qui a conduit M. Petot à cette singulière assimilation de la cuisson en grand à la cuisson sur une feuille de tôle, est d'autant plus étonnante, qu'au début de son ouvrage (1), il reconnait combien le volume et la densité des substances calcaires modifient la durée et l'intensité du feu qu'il faut leur appliquer pour les réduire en chaux.

Ce serait peut-être ici le lieu de discuter, en restant dans les bornes d'une polémique purement scientifique, les nombreuses causes d'erreurs inhérentes au mode d'expérimentation suivi par notre honorable adversaire le général Treussart. Mais quelque victorieuses que pussent être nos raisons, elles auraient le tort d'être dirigées contre les œuvres d'un homme qui n'est plus parmi nous pour les défendre. Nous laisserons donc à la sagacité de ceux qui voudront prendre la peine de lire et de comparer, le soin de réduire toutes choses à leur juste valeur, et de faire à chacun la part qui lui est due. Le parti que nous allons prendre est moins expéditif, sans doute, mais il a bien plus de chances de succès. Il consistera à fortifier, par de nouvelles expériences, toutes nos expériences anciennes, en donnant aux nouvelles un degré d'exactitude et d'évidence incontestables; en n'opérant d'ailleurs que sur des substances d'une composition chimique bien connue, et en précisant les moyens d'expérimentation de telle sorte, que chacun puisse facilement les reproduire et les vérifier.

L'heureuse idée de recourir aux procédés des anciens Romains, en substituant aux enrochements ordinaires des masses de béton d'un volume colossal, pour la construction des digues à la mer, est venue

(1) *Essai sur la chaufournerie*, pag. 2 et 3.

d'ailleurs ajouter à ces études une importance nouvelle (1), surtout depuis que nous avons constaté l'action de certains sels de l'eau de mer sur la chaux des bétons immergés frais, et dans quelques circonstances, sur celle des bétons immergés après dessiccation.

Dans ce qui va suivre, la question du degré de cuisson vient évidemment en première ligne; ce degré doit-il être uniforme pour toutes les argiles, ou varier avec la composition chimique de chacune d'elles? Peut-il être défini ou précisé par quelques moyens moins vagues que l'indication pyrométrique et la durée du feu? Toutes les argiles convenablement cuites peuvent-elles donner des pouzzolanes énergiques au même degré? Quels sont les principes véritablement actifs dans les pouzzolanes? Quelle est l'action chimique de l'eau de mer sur les bétons? etc.

Les expériences nécessaires à la solution de ces premières questions offriront implicitement des données pour la solution de plusieurs questions accessoires, qu'il suffira d'énoncer à mesure qu'elles se présenteront.

Nous avons appelé énergie dans les pouzzolanes cette prédisposition plus ou moins grande à entrer rapidement en combinaison avec la chaux par voie humide. L'expérience a prouvé et prouvera que la cohésion future de ces combinaisons ne reste pas toujours, tant s'en faut, proportionnelle à l'activité du début, et cela se conçoit : combinaison et cohésion sont deux choses distinctes, que rien n'oblige à marcher de front; il y a des combinaisons qui restent à l'état pâteux, d'autres à l'état liquide, etc., etc. Dans le cas qui nous occupe, la cohésion ou dureté telle que l'accuse l'action d'un outil, lime, ciseau, ou foret, dépend non-seulement de l'intensité de la combinaison, mais aussi de la dureté et de la densité particulières des matières combinées. Ainsi, à composition chimique égale, le ciment provenant

(1) Cette importante rénovation est due à M. Poirel, ingénieur en chef des ponts et chaussées à Alger.

d'un calcaire argileux très-compacte, par exemple, deviendra plus dur que celui qui sera fourni par une marne légère, bien que ce dernier ait pu primer par la vitesse de prise ; il en sera de même de deux pouzzolanes ; la plus active sera nécessairement celle où la silice se trouve dans le moindre degré de cohésion ; mais par cela même, il y aura moins de matière comprise sous un égal volume, et par conséquent, il pourra se faire qu'il y ait aussi plus tard moins de dureté dans le béton, dont une telle pouzzolane sera la base.

La destination des maçonneries hydrauliques demande quelquefois et à tout prix l'emploi de pouzzolanes ou de mortiers très-actifs ; quelquefois, au contraire, cette activité importe beaucoup moins qu'un haut degré de dureté ou de cohésion, auquel il y a certitude d'arriver après un temps donné. Ces diverses exigences montrent qu'une classification, fondée uniquement sur la vitesse de prise, serait quelque chose de très-incomplet et de très-inexact. On pressent en même temps toute l'utilité d'un tableau où serait figuré, d'une manière à peu près continue, le progrès de la solidification, depuis l'instant de l'immersion jusqu'au moment où cette solidification parvient à son dernier terme. Pour dresser un semblable tableau, nous avions à choisir entre l'épreuve directe qui donne la cohésion absolue et l'action d'un outil capable d'attaquer et de détruire uniformément cette cohésion. L'épreuve directe eût exigé la confection de plusieurs centaines de pièces, attendu qu'il faut au moins dix ruptures pour fournir un bon terme moyen (1), et qu'en procédant par intervalles de quinze jours ou d'un mois, par exemple, chaque espèce particulière de béton eût exigé, pour douze mois seulement, la destruction de 120

(1) Nous avons sous les yeux, relativement à la pouzzolane d'Italie, une très-belle série d'expériences de ce genre, faites à Toulon, sous la direction de M. l'ingénieur en chef Noël. Les résultats moyens sont déduits chacun de dix ou au moins de huit épreuves. Eh bien, les écarts dans chaque groupe sont quelquefois tels, qu'en y choisissant tels ou tels chiffres, on pourrait à volonté, faire dire à une même suite, des choses diamétralement opposées. Il ne faut donc pas être surpris des contradictions que l'on rencontre dans les recueils d'expériences, où les conclusions sont déduites souvent d'une épreuve unique pour chaque cas discuté.

à 240 pièces. Tout est possible dans un grand chantier, mais dans un simple laboratoire les moyens et les ressources sont limités.

Nous nous sommes arrêté à l'emploi du foret, et ceci demande explication. Le foret, comme moyen d'appréciations comparables, ne peut convenir qu'aux substances solides à tissu homogène, telles que ciments, chaux hydrauliques hydratées, mélanges intimes de chaux éteintes et de pouzzolanes en poudres impalpables, ou du moins plus fines que les sables, etc.; l'agrégation des pâtes hydrauliques avec les sables se prêterait fort mal à l'action de cet outil, dont la mèche doit conserver toujours un grand excès de dureté sur celle du corps en expérience; et nonobstant cette condition, il faut encore que la profondeur de chaque trou d'essai soit telle, que cette mèche ne puisse sensiblement s'émousser dans le trajet. Il faut, de plus, qu'à chaque essai nouveau son taillant soit rafraîchi à la meule, en conservant exactement le même profil. Avec ces précautions, on peut multiplier à volonté les expériences sur le même échantillon, le tâter aux surfaces, au centre, partout où besoin est, et obtenir ainsi, à une époque quelconque, le chiffre de la cohésion relative, exprimée par le nombre de tours dont l'outil a besoin pour pénétrer à une profondeur constante sous une pression constante.

Exposées graduellement à l'action du feu, toutes les argiles perdent graduellement aussi leur eau de combinaison; l'instant où cette perte est à peu près consommée, sous l'influence plus ou moins prolongée d'un degré pyrométrique à peu près constant, forme un point d'arrêt facile à déterminer pour chacune d'elles; voici ce qu'on observe à cet égard : lorsque l'argile, réduite en poudre fine, est placée en petite quantité et légèrement brassée au fond d'un creuset chauffé au rouge plus que sombre, on la voit bouillonner pendant quelques instants par l'effet de la vaporisation subite des premières portions d'eau dégagées; si l'on pèse la poudre quand le soulèvement a cessé, on trouve qu'elle a perdu déjà des six aux sept dixièmes de la totalité de cette eau.

En cet état, elle peut encore se détremper et faire pâte, elle n'a pas subi, visiblement du moins, la chaleur incandescente; si on élève la température du creuset au point d'amener la poudre d'argile elle-même au rouge plus que sombre, rouge par conséquent très-visible, et qu'en cet état on continue à la brasser de telle sorte qu'aucune de ses parties ne puisse échapper à l'incandescence, elle arrivera après cinq ou six minutes, et même moins, à ne plus se mouvoir comme du sable coulant, sous la spatule, mais à présenter, au contraire, la consistance d'une neige ou d'une farine, alors elle aura perdu la presque totalité de son eau, et l'opération sera terminée.

C'est ce degré, auquel s'achève à un demi ou un quart de dixième près la vaporisation de l'eau des argiles, que nous avons appelé légère cuisson dans nos premiers mémoires. Mais cette désignation avait le défaut de convenir à tout mode de cuisson modérée, tandis que, dans le cas présent, certaines conditions particulières se trouvent simultanément remplies, savoir : 1° la réduction préalable de la matière en poudre fine; 2° l'action du feu limitée entre 600 et 700° centigrades, et soutenue ainsi jusqu'au moment où l'hydrosilicate alumineux arrive à très-peu près à l'état anhydre; 3° enfin la possibilité du contact de l'air sur toutes les parties de la matière pendant la durée de l'opération.

L'accomplissement de toutes ces conditions donnant aux argiles pures et à beaucoup d'autres, ainsi qu'on le verra dans la suite, le maximum de puissance hydraulique, nous appellerons désormais *cuisson normale* toute cuisson qui, d'une manière ou d'autre, parviendra à les réaliser (1). Nous devons justifier, avant de passer outre,

(1) Quand nous avons dit ailleurs que l'énergie d'une même pouzzolane correspondait à son minimum de densité et à son maximum de faculté absorbante (faculté d'imbibition), nous avons entendu parler des divers états de cuisson, dans lesquels on peut la considérer à partir de la cuisson normale jusqu'à la cuisson extrême inclusivement. Le reproche d'inexactitude que nous adresse à ce sujet un ingénieur (*Essai sur la chaufournerie*, pag. 117 et suiv. Petot), en s'appuyant sur des expériences qui comprennent des degrés de cuisson entre zéro et le terme normal, n'est donc pas fondé. Pour nous, en effet, il n'y a au-dessous de ce terme normal que des argiles plus ou moins chauffées, mais non des pouzzolanes.

les limites pyrométriques de 600 à 700° centigrades posées ci-devant; la chose sera facile : en effet l'argent se fond à 1000° centigrades. Or nous parvenons avec quelques précautions, à opérer la cuisson normale, dans un creuset de ce métal. L'argile contenue est évidemment au-dessous de la température du vase contenant, et celui-ci n'arrive pas à plus de 850° centigrades; donc le moyen terme ne peut pas s'écarter de beaucoup de 650° centigrades. Ces chiffres sont d'ailleurs conformes aux mesures pyrométriques prises directement par la méthode d'immersion, méthode suffisamment exacte pour les températures inférieures à 900° centigrades. Quant à la durée du feu, elle peut varier de quelques minutes, selon le plus ou moins de difficultés qu'éprouve l'eau à se dégager de la combinaison. Cette durée est au surplus bien moins importante que l'intensité, elle pourrait se prolonger sans de grands inconvénients, tandis qu'un accroissement notable d'intensité deviendrait très-nuisible.

Nous éprouverions un grand embarras, s'il fallait préciser pyrométriquement ce que l'on doit entendre par *forte*, *moyenne*, et *faible* cuisson de brique. Il est évident, en effet, que le coup de feu qui donne à une brique réfractaire le dernier degré de perfection, doit ramollir et déformer une brique composée d'une pâte légèrement fusible (il n'est même pas besoin d'aller si loin pour certaines argiles). Le terme d'une bonne cuisson pour l'une est donc celui d'une cuisson extrême pour l'autre; conséquemment tout est relatif, et il ne faudra considérer, dans les définitions ci-après, que l'effet produit indépendamment d'une appréciation pyrométrique quelconque.

Une *forte cuisson* sera donc celle qui commence à lustrer fortement l'argile et à lui donner un degré de compacité se prêtant difficilement à l'imbibition; une *cuisson moyenne*, celle qui rendant la matière dure, sonore et franche dans sa cassure, ne lui ôte point la faculté de s'imbiber d'eau avec une certaine avidité.

Une *faible cuisson* enfin, celle qui cuit l'argile tout juste assez pour l'empêcher de se détremper et de faire de nouveau pâte avec l'eau. C'est, au procédé près, le même degré que pour la cuisson normale.

Il est un quatrième degré de cuisson que nous avons appelé *supra normal* et dont on se fera une idée très-exacte, si l'on imagine que suppléant à l'intensité par la durée, on parvienne à décomposer la plus grande partie du carbonate de chaux des argiles marneuses sans dépasser 700 ou 750° centigrades.

L'usage jusqu'à présent a été de doser par volumes les pouzzolanes et les chaux en pâte destinées aux expériences. C'est une faute dont il est facile de montrer les conséquences : deux mètres cubes de telle pouzzolane en poudre fine, peuvent peser, par exemple, 2600 kilog.; deux mètres cubes de telle autre peuvent ne peser que 1600 kilog.; si donc l'on combine avec ces quantités très-inégales de matière, la même quantité de chaux représentée par un mètre cube en pâte, il n'y aura pas à beaucoup près égalité de proportions dans les deux cas; la comparaison entre les cohésions acquises de part et d'autre ne pourra donc rien établir de définitif sur le mérite respectif des pouzzolanes employées(1). On conçoit que les dosages par volumes soient de rigueur pour les mortiers à chaux et sable. Ici la cohésion est un effet complexe, et le rapport des parties enchâssées aux parties formant la gangue, joue un rôle important; mais dans le cas des pouzzolanes exclusivement combinées avec la chaux employée en pâte, les phénomènes sont purement chimiques; tous les principes se confondent en une masse homogène, dans laquelle on n'a plus à distinguer physiquement ni les uns ni les autres.

Nous avons donc dosé nos matières au poids, et nous nous sommes arrêté aux proportions de 18 à 20 parties de chaux caustique très-

(1) On trouve la même faute, pour les dosages de la chaux, dans les expériences qui ont eu pour objet de comparer les effets du procédé ordinaire d'extinction à ceux de l'extinction par immersion. On a tout à fait perdu de vue qu'à consistance égale, un volume de chaux en pâte, obtenue par le premier procédé, ne contient que les six ou sept dixièmes de la chaux renfermée dans un égal volume de pâte provenant de l'extinction par immersion.

pure, comme donnant, à très-peu près, pour 100 parties de pouzzolane, peu chargée en substances inertes, le maximum de cohésion. Nous sommes descendu jusqu'à 10 p. o/o de chaux pour certaines pouzzolanes extraites d'argiles marneuses. Ces variations et les autres exceptions seront expressément indiquées en lieu utile, surtout quand nous ferons intervenir les chaux hydrauliques.

PREMIÈRE SECTION.

EMPLOI DES BÉTONS EN EAU DOUCE.

Notions sommaires sur les argiles.

Les argiles, bases de toute pouzzolane, se distinguent des autres terres et des pierres molles par la facilité avec laquelle elles se délayent dans l'eau, et y forment cette bouillie qui, ramenée à une certaine consistance, prend de l'onctuosité et une sorte de ténacité, en se laissant allonger et pétrir en tous sens sans se briser.

Cette pâte desséchée devient résistante; exposée à un feu suffisant, elle le devient davantage, n'est plus délayable à l'eau, et peut acquérir assez de dureté pour étinceler sous le choc du briquet.

Ces caractères conviennent à toutes les argiles, et suffisent pour les faire distinguer des substances qui leur ressemblent en quelques points. Il est vrai qu'on n'observe pas ces caractères au même degré, dans toutes les variétés, mais ils s'y manifestent toujours plus ou moins.

Les argiles sont répandues sur le globe avec une espèce de profusion; il est peu de cantons d'une certaine étendue où l'on n'en trouve. Leur mode de gisement varie selon la différence des terrains; plus rares que partout ailleurs, dans les formations primordiales, elles ne s'y montrent guère qu'à l'état de kaolin ou de lithomarges (1). Disposées en collines arrondies sur les confins des chaînes primitives, dans le passage de ces chaînes aux terrains secondaires, et fréquemment aussi au milieu des grandes vallées, leur présence s'annonce par une désespérante aridité. Dans les terrains secondaires plus modernes que les précédents, et surtout dans les terrains de transport, les argiles sont rarement à la surface; elles se présentent par bancs ou couches horizontales très-étendues, et ordinairement recouvertes de sable et de calcaire grossier ou de silex meulière. Quelquefois aussi ces couches sont interrompues et disposées sous forme d'amas irréguliers, isolés, mais peu distants les uns des autres.

Les argiles sont essentiellement composées de silice, d'alumine et d'eau; elles constituent un nombre presque infini de variétés, différenciées soit par les proportions, soit par la présence, en quantités très-inégales, d'oxyde de fer, de manganèse, de carbonate de chaux et de magnésie, de fer sulfuré, de quartz à l'état de sable plus ou moins fin, etc., etc. M. Berthier les considère comme de véritables combinaisons chimiques en proportions atomiques. Les argiles pures sont blanches, opaques, douces, savonneuses au toucher et infusibles à la plus haute température de nos fourneaux. Toutefois, elles y éprouvent un commencement de ramollissement, et prennent l'aspect lustré des poteries cuites en grès. C'est l'indice d'un premier degré de vitrification.

Les argiles impures paraissent grises, rousses, jaunes, brunes, noirâtres ou blanchâtres, selon la nature des principes qui contribuent à leur altération. Elles sont alors plus ou moins fines, plus ou moins grossières et plus ou moins fusibles. Cette fusibilité résulte de la présence en quantité notable des oxydes de fer ou de manganèse, ou

---

(1) Consulter, pour de plus amples détails, l'article Argile, par M. Brongniart (*Dictionnaire d'hist. natur.*), et le savant *Traité des essais par la voie sèche*, de M. Berthier, inspecteur général des mines.

du carbonate de chaux. Il ne faut d'ailleurs qu'une assez petite quantité de ces principes étrangers pour donner à une argile la faculté de se ramollir à un certain degré de feu. Il se produit alors des silicates doubles d'alumine et de fer, d'alumine et de chaux, et selon le cas, des silicates triples de fer, d'alumine et de chaux.

Calcinées graduellement, toutes les argiles perdent successivement diverses portions de leur eau de combinaison; elles la perdent presque en entier au rouge plus que sombre, maintenu pendant un temps suffisant; alors elles ne peuvent plus faire pâte avec l'eau.

Dans leur état naturel, les argiles sont partiellement attaquées par les acides nitrique et hydrochlorique concentrés et bouillants, mais beaucoup moins que lorsqu'elles ont subi ce faible degré de cuisson, qui a suffi pour en expulser l'eau. Au delà de ce terme, leur cohésion augmente de plus en plus, et après avoir éprouvé la chaleur blanche, elles résistent aux acides les plus forts.

La potasse liquide enlève aux argiles qui ont préalablement été attaquées par un acide une quantité de silice proportionnelle à la quantité d'alumine dissoute par l'acide, de sorte que le résidu est identique de composition avec l'argile primitive.

L'acide sulfurique concentré et bouillant attaque à peu près complétement les argiles et laisse là silice pour résidu. Cette silice ainsi isolée se comporte avec la chaux comme une véritable pouzzolane, et manifeste, en cette qualité, beaucoup plus d'énergie que si elle était extraite, par le même acide, des mêmes argiles légèrement calcinées.

L'alumine extraite des argiles crues, ou précipitée d'une dissolution d'alun par l'ammoniaque, et mélangée avec une pâte de chaux éteinte, donne lieu à une combinaison qui prend corps assez promptement sous l'eau, mais dont la cohésion reste constamment très-faible. Si l'on calcine préalablement cette alumine sans dépasser le rouge sombre, son action sur la chaux devient plus vive; la prise du mélange a lieu en moins de demi-heure; mais quoique un peu plus forte que dans le cas précédent, cette prise ne conduit qu'à une médiocre cohésion finale.

Tels étaient, dans la catégorie de ceux qui ont rapport à nos recherches, les premiers faits chimiques observés sur les argiles au moment où nous avons remis la main à l'œuvre. Ils nous permettent évidemment d'aborder la question en nous appuyant sur ces vérités désormais incontestables; savoir : 1° que la silice des argiles n'est pas un quartz divisé, mais bien quelque chose de semblable à la silice gélatineuse desséchée à une basse température, à 100° par exemple; 2° que cette silice est *sui generis* une pouzzolane énergique, qui n'a besoin, pour se manifester comme telle, que d'être isolée de l'alumine par un acide; 3° qu'un certain degré de cuisson favorise complétement le développement de la propriété pouzzolanique paralysée, pour ainsi dire, dans la plupart des argiles à l'état naturel (1).

Parallèle entre la composition chimique de chaque pouzzolane et la représentation graphique du progrès de sa combinaison avec diverses chaux.

> *Segnius irritant animos demissa per aurem*
> *Quàm, quæ sunt oculis subjecta fidelibus.*
>
> HORAT.

Il nous a paru convenable de placer, vis-à-vis de l'analyse et de l'histoire de chaque pouzzolane, le résultat de sa combinaison avec différentes chaux; mais les détails à écrire pour mentionner toutes les circonstances, telles que proportions, cohésions progressives, etc., etc., devant se reproduire fréquemment et en termes presque semblables, auraient donné lieu à des redites fastidieuses toujours fatigantes. Nous avons cru pouvoir obvier à cet inconvénient par un moyen terme,

(1) Quelques argiles, servant de gangue aux sables diluviens (arènes) des dépôts tertiaires, jouissent jusqu'à un certain point de la propriété pouzzolanique. Il en est de même de certaines roches amphiboliques (diorites) décomposées, qu'on a improprement appelées psammites et grauwackes dans divers mémoires.

qui consiste à représenter graphiquement la marche de la cohésion dans chaque combinaison, et à placer en regard les indications de dosage, de vitesse de prise et de cohésion finale. Ce système, en partie figuré, a l'avantage de peindre aux yeux le progrès de la solidification à toutes les époques, et en même temps la loi de ce progrès. C'est d'ailleurs, conformément au précepte d'Horace, un très-bon moyen de laisser dans l'esprit une image durable des faits comparés.

Examen des diverses chaux employées.

La chaux grasse, cotée G, a été extraite d'un calcaire compacte appartenant à la formation crétacée de Sassenage (Isère). Ce calcaire, d'une couleur légèrement jaunâtre, est d'une grande dureté et reçoit un beau poli. Il se dissout complétement dans les acides, et fournit une chaux très-blanche foisonnant considérablement par l'extinction.

La chaux, éminemment hydraulique, cotée A, provient d'un calcaire gris noirâtre compacte appartenant à la formation jurassique de la porte de France à Grenoble; elle contient, savoir :

Chaux	71,50
Silice	16,00
Alumine et fer	10,50
Magnésie	2,00
Total	100,00

La chaux, éminemment hydraulique, cotée S, provient des fours du Theil, dans le département de l'Ardèche; elle nous a été envoyée vive dans des bouteilles bien bouchées, par les soins de M. l'ingénieur en chef Josserand; elle contient :

Chaux	70,50
Silice	23,00
Alumine et traces de fer	1,20
Magnésie	5,28
Acide carbonique	0,02
Total	100,00

Cette chaux est blanche; elle s'éteint avec une vive effervescence et foisonne peu. Le calcaire dont elle provient appartient au système des grès verts.

Les trois chaux précédentes peuvent être regardées comme les types respectifs. 1° d'une chaux grasse par excellence; 2° d'une chaux éminemment hydraulique argileuse; 3° d'une chaux éminemment hydraulique siliceuse.

Pouzzolane d'Italie prise pour terme de comparaison.

La pouzzolane d'Italie a des qualités assez variables, même dans les bancs de choix. Les diverses analyses que les chimistes français en ont données reproduisent assez exactement les mêmes principes, mais rarement en proportions semblables. La quantité *silice* y varie de 45 à 53 p. 100. Par cette raison, nous avons cru devoir procéder à l'analyse particulière de la variété prise ici pour exemple, variété qui nous a été adressée de Toulon par les soins de nos camarades MM. Noël et Guillaume, ingénieurs en chef.

Cette pouzzolane est d'un rouge lie de vin. Réduite en poudre très-fine et tassée, elle pèse 1,316 kilog. le mètre cube, et contient sur 100 parties, savoir :

Quartz divisé	3,00
Silice	47,66
Alumine	14,33
Peroxyde de fer	10,33
Magnésie	3,86
Chaux combinée	7,66
Potasse	1,40
Soude	3,73
Eau et principes volatils	8,03
Total	100,00

100 parties de cette pouzzolane, traitées par l'acide hydrochlorique bouillant, se décolorent promptement et abandonnent en principes solides dissous 57,97 p. 100. La liqueur évaporée à siccité, redissoute

et filtrée, ne présente aucune trace pondérable de silice. Le résidu non attaqué, repris par la potasse liquide chauffée, cède 26 p. 100 sur 34.

En somme, ces réactifs attaquent en alumine, fer, silice, etc., 63,97 p. 100.

Il est à remarquer qu'à raison de la grande quantité de principes étrangers à l'argile proprement dite, ce chiffre devra être modifié dès qu'on voudra en tirer quelque conséquence, comparativement aux argiles pures calcinées. Il se réduit en effet à 47,73 p. 100 de la partie essentiellement argileuse, silice et alumine.

Pouzzolanes artificielles produites par une argile réfractaire cotée R.

Cette argile gît par amas sous les dépôts diluviens de la dernière époque géologique, aux environs de Loupiac, arrondissement de Gourdon, département du Lot. Elle est très-fine, très-douce et lisse au toucher, d'un blanc légèrement bleu, qui passe au blanc de lait par la cuisson; elle contient, savoir :

A l'état naturel.	Silice.	51,00
	Alumine.	36,00
	Carbonate de chaux. .	traces.
	Eau.	13,00
	Total.	100,00

Et après cuisson normale.	Silice.	59,77
	Alumine.	40,23
	Chaux.	traces.
	Total.	100,00

100 parties de cette argile à l'état naturel, traitées par l'acide hydrochlorique bouillant, abandonnent en principes solides dissous 11,00 parties. Après cuisson normale, la perte s'élève à 19 p. 100. La dissolution évaporée à siccité, redissoute et filtrée, ne présente aucune trace pondérable de silice; le résidu non attaqué étant repris par la potasse liquide et chauffé, cède à l'alcali 20 p. 100 sur 91. En somme ces réactifs enlèvent en silice et alumine 39 p. 100. En substituant l'acide sulfurique à l'acide hydrochlorique, ce chiffre s'élève à 49 p. 100.

Après forte cuisson de brique, les acides sont sans action sur cette argile; sa pouzzolane normale pèse en poudre fine tassée 951 kilog. le mètre cube.

Voir, en regard ci-contre, le tableau graphique des résultats offerts par les pouzzolanes de l'argile R, comparée à la pouzzolane d'Italie; les proportions sont celles que donnent les maxima de cohésion.

Lignes figuratives du progrès de la Cohésion dans les combinaisons constamment immergées d'une Chaux grasse avec les Pouzzolanes artificielles produites par l'argile réfractaire R, comparées à la Pouzzolane d'Italie.

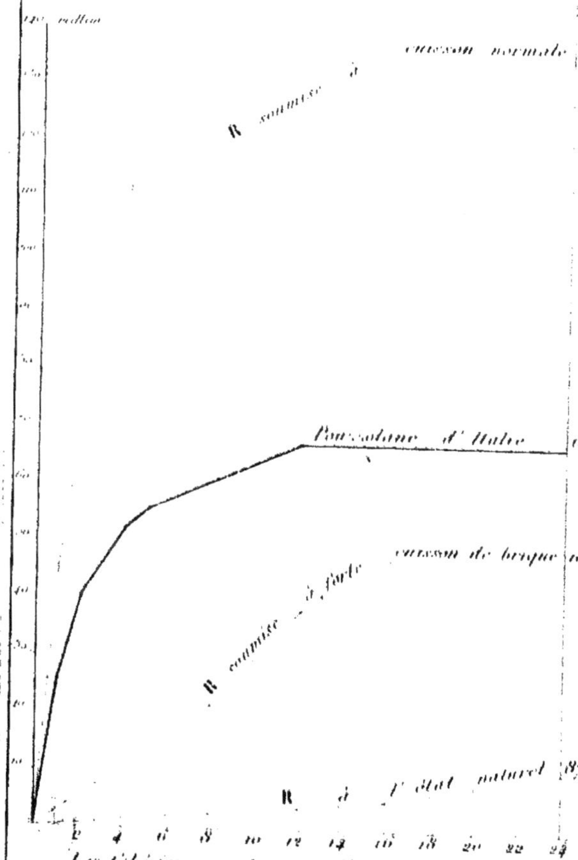

	Principes des Pouzzolanes: Solubles au bouillon	Principes des Pouzzolanes: Étrangers à l'acide	Ingrédiens des Bétons en Chaux grasse G	Vitesse de prise en jours	Cohésion après deux ans
R soumise à cuisson normale	100^{l}00	»	20^{l}00	2^{j} ¼	135
Pouzzolane d'Italie	65^{l}81	34^{l}15	20^{l}00	3^{j}00	68
R soumise à forte cuisson de brique	100^{l}00	»	20^{l}00	32^{j}00	48
R à l'état naturel	18^{l}00	82^{l}00	20^{l}00	»	10

2 4 6 8 10 12 14 16 18 20 22 24 mois d'immersion.

Les Cohésions sont proportionnelles aux ordonnées comptées en millimètres.

Lignes figuratives du progrès de la cohésion dans les combinaisons constamment immergées d'une Chaux grasse avec les Pouzzolanes artificielles produites par l'argile réfractaire R, comparées à la Pouzzolane d'Italie.

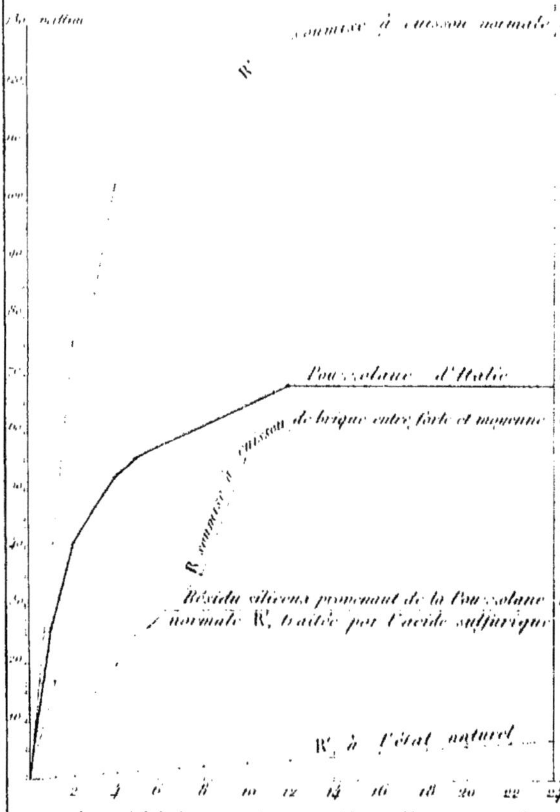

	Principes des Pouzzolanes. Silice ou Argile	Étrangers à l'Argile.	Ingrédients des Bétons en Chaux grasse G.	Vitesse de prise en jours.	Cohésion après deux ans.
R' soumise à cuisson normale	88^k,71	11^k,20	20^k,00	3^j 1/2	130
Pouzzolane d'Italie	65^k,80	34^k,10	20^k,00	3^j,00	68
R' soumise à cuisson de brique entre forte et moyenne	88^k,71	11^k,20	20^k,00	8^j,00	60
Résidu siliceux provenant de la Pouzzolane normale R', traitée par l'acide sulfurique	100^k,00	" "	20^k,00	0^j,71	30
R' à l'état naturel ...	82^k,80	17^k,20	20^k,00	" "	7

130 millim

2 4 6 8 10 12 14 16 18 20 22 24 mois d'immersion.

Les Cohésions sont proportionnelles aux ordonnées comptées en millimètres.

Pouzzolanes artificielles produites par une argile réfractaire cotée R′.

Cette argile, dont nous ignorons l'origine, est vulgairement connue sous le nom de terre de pipe; nous l'avons prise chez les marchands droguistes. Blanche, grenue, douce quoique non lisse, elle roussit imperceptiblement par la cuisson; elle contient, savoir :

A l'état naturel.	Quartz.	10,60
	Silice.	54,80
	Alumine.	28,00
	Magnésie.	0,01
	Chaux.	0,03
	Eau.	6,66
	Total.	100,00

Et après cuisson normale.	Quartz.	11,24
	Silice.	58,71
	Alumine.	30,00
	Magnésie et chaux. .	0,05
	Total.	100,00

100 parties de cette argile à l'état naturel, traitées par l'acide hydrochlorique bouillant, abandonnent en principes solides dissous 9,34 p. 100. A l'état de cuisson normale, la perte s'élève à 16 p. 100; la dissolution évaporée à siccité, redissoute et filtrée, ne présente aucune trace pondérable de silice. Le résidu non attaqué étant repris par la potasse liquide à chaud, cède à l'alcali 25 parties sur 84; en somme les réactifs enlèvent en alumine, silice, etc., 46,20 p. 100 de la partie purement argileuse.

En substituant l'acide sulfurique à l'acide hydrochlorique, ce dernier chiffre s'élève à 64,20 p. 100.

Après forte cuisson de brique, l'argile R′ n'est plus attaquée par les acides. Sa pouzzolane normale, en poudre fine tassée, pèse 923 kilog. le mètre cube.

Voir en regard ci-contre le tableau graphique des résultats offerts par les pouzzolanes de l'argile R′, comparées à la pouzzolane d'Italie. Ses proportions sont celles qui donnent les maxima de cohésion.

Pouzzolanes artificielles produites par une argile réfractaire cotée R''.

Cette argile, employée comme réfractaire dans le département de l'Isère, appartient aux dépôts tertiaires de Chamboran (Isère) ; elle est naturellement mêlée de beaucoup de quartz en grains de toute grosseur. Celle qui a servi aux expériences a été purifiée autant que possible par des lévigations et décantations successives. On n'a pris d'ailleurs que les tranches supérieures des dépôts formés dans le liquide, et cependant il est resté encore une assez grande quantité de quartz en poudre impalpable dans ces tranches elles-mêmes qui contenaient, savoir :

A l'état naturel.	Quarz.	9,00
	Silice.	39,60
	Alumine et traces de fer.	40,50
	Chaux et magnésie. .	0,90
	Eau.	10,00
	Total.	100,00

Et après cuisson normale.	Quarz.	10,00
	Silice.	44,00
	Alumine et traces de fer.	45,00
	Chaux et magnésie. .	1,00
	Total.	100,00

100 parties de cette argile à l'état naturel, traitées par l'acide hydrochlorique bouillant, abandonnent en principes solides dissous 6 p. 100 : après cuisson normale la perte s'élève à 16 p. 100. La dissolution évaporée à siccité, redissoute et filtrée ne présente aucune trace pondérable de silice ; le résidu non attaqué repris par la potasse liquide à chaud, cède à l'alcali 18 sur 85. En somme les réactifs enlèvent en alumine, silice, etc., 36,66 p. 100 de l'argile proprement dite.

Après forte cuisson de brique, les acides sont sans action sur l'argile R''. Sa pouzzolane normale pèse en poudre fine tassée 941 kilog. le mètre cube.

Voir en regard ci-contre les résultats offerts par les pouzzolanes de l'argile R', comparées à la pouzzolane d'Italie.

Les proportions, dans ce tableau, sont celles qui donnent les maxima de cohésion.

Lignes figuratives du progrès de la Cohésion dans les combinaisons constamment immergées d'une Chaux grasse, avec les Pouzzolanes artificielles produites par une argile réfractaire R, comparées à la Pouzzolane d'Italie.

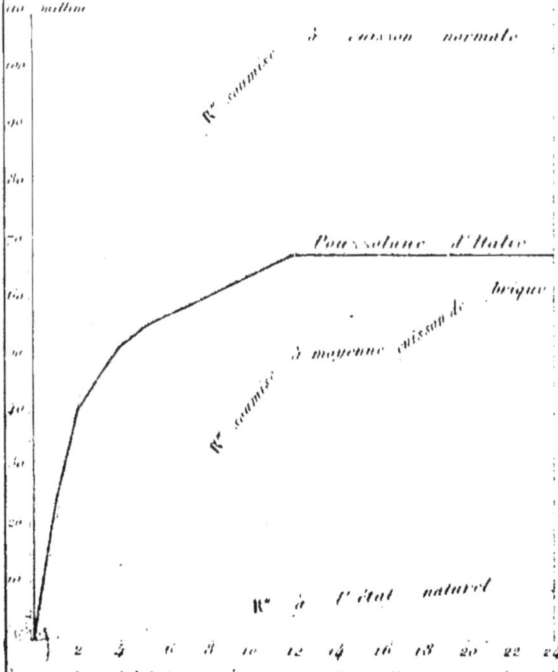

	Principes des Pouzzolanes — Silice ou Argile	Principes des Pouzzolanes — Étrangers à l'Argile	Ingrédients des Bétons en Chaux grasse G.	Vitesse de prise en jours	Cohésion après deux ans
Re soumise à cuisson normale	89.00	11.00	20.00	3.00	103
Pouzzolane d'Italie	65.85	34.15	20.00	3.00	68
Re soumise à moyenne cuisson de brique	89.00	11.00	20.00	40.00	61
Re à l'état naturel	80.10	19.90	20.00	" "	9

millim: 110, 100, 90, 80, 70, 60, 50, 40, 30, 20, 10, 0

2 4 6 8 10 12 14 16 18 20 22 24 mois d'immersion.

Les Cohésions sont proportionnelles aux ordonnées comptées en millimètres.

Lignes figuratives du progrès de la cohésion, dans les combinaisons constamment immergées d'une Chaux grasse avec les Pouzzolanes artificielles produites par une Argile réfractaire Rm, comparées à la Pouzzolane d'Italie.

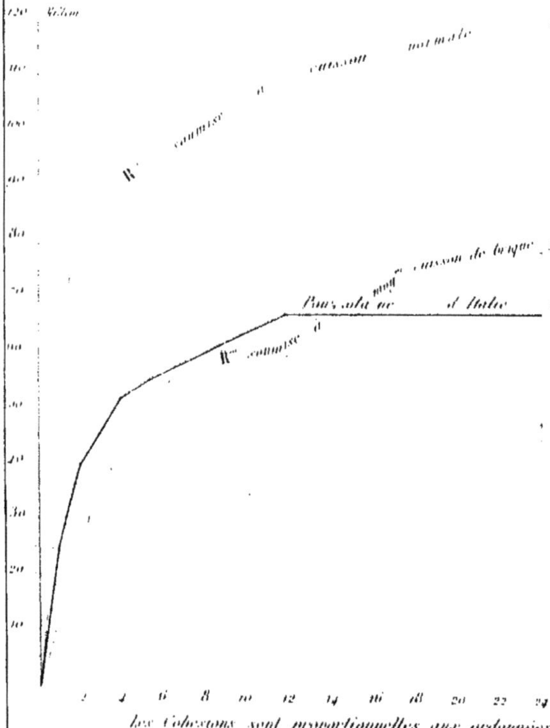

	Principes des Pouzzolanes: Actifs ou Argile	Principes des Pouzzolanes: Étrangers à l'Argile	Ingrédiens des Bétons en Chaux grasse G	Vitesse de Prise en jours	Cohésion après deux ans
Rm commise à cuisson normale	98l 23	1l 77	20l 00	1j 1/4	120
Rm commise à cuisson de brique	98l 23	1l 77	20l 00	7j 00	79
Pouzzolane d'Italie	65l 85	34l 15	20l 00	3j 00	68

120 Millim, 110, 100, 90, 80, 70, 60, 50, 40, 30, 20, 10

2, 4, 6, 8, 10, 12, 14, 16, 18, 20, 22, 24 mois d'immersion.

Les Cohésions sont proportionnelles aux ordonnées comptées en millimètres.

Pouzzolanes artificielles produites par une argile réfractaire cotée R‴.

Cette argile est encore une terre de pipe ; elle provient du département du Gard. Sa couleur, d'un blanc légèrement nankin avant la cuisson, devient un peu plus intense après, mais assez peu pour prouver qu'elle ne contient que quelques traces de fer ; elle est composée ainsi qu'il suit :

A l'état naturel.	Quarz.	1,50
	Silice.	51,83
	Alumine et traces de fer.	33,34
	Eau.	13,33
	Total.	100,00

Et après cuisson normale.	Quarz.	1,77
	Silice.	59,53
	Alumine et traces de fer.	38,70
	Total.	100,00

Cette argile est à peine attaquée, par l'acide hydrochlorique, à l'état naturel, mais après cuisson normale elle lui abandonne 21 p. 100 d'alumine sans traces pondérables de silice.

Le résidu non attaqué étant repris par la potasse liquide à chaud, cède à l'alcali 28,40 parties sur 79. En somme les réactifs enlèvent en alumine et silice 45 p. 100 de l'argile proprement dite.

Après forte cuisson de brique, l'argile R‴ n'est plus attaquée par les acides. Sa pouzzolane normale pèse en poudre fine tassée 785 kilog. le mètre cube.

Voir en regard ci-contre les résultats offerts par les pouzzolanes de l'argile R‴, comparées à la pouzzolane d'Italie.

Les proportions dans ce tableau sont celles qui donnent les cohésions maxima.

Pouzzolanes artificielles produites par une argile ocreuse fusible cotée O.

Cette argile se trouve par coulées et dépôts dans les cavernes et fissures du terrain jurassique supérieur du département du Lot ; elle est évidemment formée des parties les plus fines des terres rougeâtres qui recouvrent les roches de cette formation. L'argile O est fine, douce et luisante sous le toucher ; elle passe du rouge orangé sale au beau brun rouge vif par la cuisson normale, un fort coup de feu la fond en une pâte d'un gris noir à cassure d'émail. Une cuisson moyenne y développe une couleur brun noir et une texture compacte à cassure lisse ; elle contient, savoir :

A l'état naturel.		
	Silice.	58,50
	Alumine.	19,50
	Peroxyde de fer. . . .	10,00
	Traces de chaux. . . .	» »
	Eau.	12,00
	Total.	100,00

Et après cuisson normale.		
	Silice.	66,47
	Alumine.	21,59
	Peroxyde de fer. . .	11,94
	Traces de chaux. . .	» »
	Total.	100,00

100 parties de cette argile à l'état naturel traitées par l'acide hydrochlorique bouillant se décolorent rapidement et abandonnent en principes solides dissous 15,06 p. 100 ; après cuisson normale la perte s'élève à 80 p. 100. La dissolution ne contient pas de silice, le résidu non attaqué étant traité par la potasse liquide à chaud, cède à l'alcali 20 parties sur 70. En somme, ces réactifs enlèvent 41,27 pour 100 à l'argile proprement dite.

Ce chiffre s'élève à 56,44 p. 100 lorsqu'on substitue l'acide sulfurique à l'acide hydrochlorique.

Après cuisson de brique, les acides sont sans action sur l'argile O, sa pouzzolane normale pèse en poudre fine tassée 1000 kilog. le mètre cube.

Voir en regard ci-contre les résultats offerts par les pouzzolanes de l'argile O, comparés à la pouzzolane d'Italie.

Les proportions dans ce tableau sont celles qui donnent les maxima de cohésion.

Lignes figuratives du progrès de la Cohésion dans les combinaisons constamment immergées d'une Chaux grasse avec les Pouzzolanes artificielles produites par une Argile ocreuse O, comparées à la Pouzzolane d'Italie.

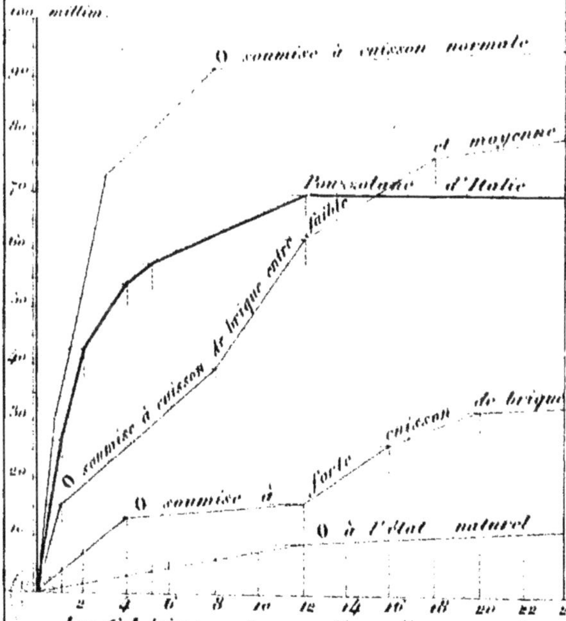

	Principes des Pouzzolanes. Actifs ou Argile	Principes des Pouzzolanes. Etrangers à l'Argile	Ingrédiens des Bétons en Chaux grasse G.	Vitesse de prise en jours.	Cohésion après deux ans.
O soumise à cuisson normale	88k 06	11k 94	20k 00	1j 1/4	94
O soumise à cuisson de brique entre faible et moyenne	88k 06	11k 94	20k 00	15j 00	79
Pouzzolane d'Italie	65k 85	34k 15	20k 00	3j 00	68
O soumise à forte cuisson de brique	88k 06	11k 94	20k 00	30j 00	31
O à l'état naturel	78k 00	22k 00	30k 00	" "	10

100 millim. — 90 — 80 — 70 — 60 — 50 — 40 — 30 — 20 — 10 — 0

0 — 2 — 4 — 6 — 8 — 10 — 12 — 14 — 16 — 18 — 20 — 22 — 24 mois d'immersion.

Les Cohésions sont proportionnelles aux ordonnées comptées en millimètres.

Lignes figuratives du progrès de la Cohésion dans les combinaisons constamment immergées d'une Chaux grasse avec les Pouzzolanes artificielles produites par une argile ferrugineuse O' comparées à la Pouzzolane d'Italie.

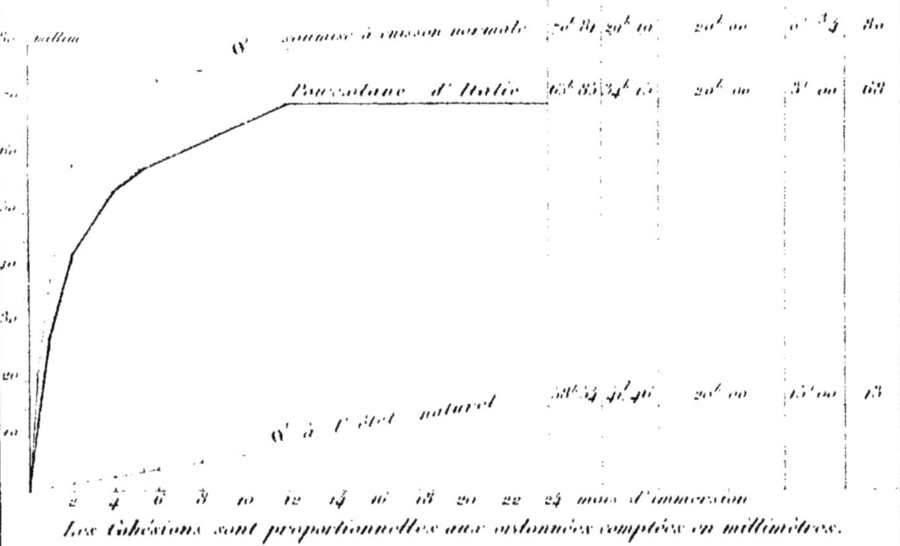

	Principes des Pouzzolanes		Ingrédients des Bétons en Chaux grasse 6	Vitesse de prise en jours	Cohésion après deux ans
	[illegible]	[illegible]			
O' soumise à cuisson normale	70k 81	29k 19	20k 00	0j 3/4	80
Pouzzolane d'Italie	65k 85	34k 15	20k 00	3j 00	68
O' à l'état naturel	58k 54	41k 46	20k 00	15j 00	13

Les Cohésions sont proportionnelles aux ordonnées comptées en millimètres.

Pouzzolanes artificielles produites par une argile ocreuse cotée O'.

Cette argile forme la gangue du dépôt diluvien, connu sous le nom d'arène, aux environs de Saint-Astier, entre Périgueux et Mucidan, dans le département de la Dordogne. Elle passe dans le pays pour être pouzzolane à l'état naturel, elle est d'un rouge brique, passant au brun rouge clair par la cuisson normale ; elle contient, savoir :

A l'état naturel.	Quartz	4,43
	Silice	38,54
	Alumine	20,00
	Peroxyde de fer	12,00
	Carbonate de chaux	8,00
	Eau	17,33
	Total	100,00

Et après cuisson normale.	Quartz	5,00
	Silice	46,62
	Alumine	24,49
	Peroxyde de fer	14,54
	Chaux et carbonate de chaux	9,68
	Total	100,00

100 parties de cette argile à l'état naturel abandonnent successivement à l'acide hydrochlorique et à la potasse liquide, 11 et 25 p. 100, en tout 26 p. 100.

Après cuisson normale, l'argile O' perd 23 p. 100 dans l'acide hydrochlorique bouillant, la dissolution ne donne pas de silice ; le résidu, traité à chaud par la potasse liquide, cède à l'alcali 30 p. 100 sur 70. En somme, les réactifs enlèvent en alumine, silice, à l'argile proprement dite, 40,10 p. 100.

Après forte cuisson de brique, les acides n'ont plus d'action.

Voici en regard ci-contre les résultats offerts par les pouzzolanes de l'argile comparées à la pouzzolane d'Italie.

Les proportions, dans ce tableau, sont celles qui donnent les cohésions maxima.

Pouzzolanes artificielles produites par une argile ferrugineuse cotée O″.

Cette argile a la même origine que la précédente ; elle appartient à une couche différente. Elle contient, savoir :

A l'état naturel.	Quarz.	22,94	Et après cuisson normale.	Quartz.	25,21
	Silice.	41,62		Silice.	45,63
	Alumine.	10,00		Alumine.	11,00
	Peroxyde de fer. . . .	8,53		Peroxyde de fer. . .	9,37
	Carbonate de chaux. .	8,00		Chaux et carbonate de chaux.	8,79
	Eau.	9,01			
	Total.	100,00		Total.	100,00

100 parties de cette argile abandonnent successivement à l'acide hydrochlorique et à la potasse liquide, 8 et 12 p. 100, en tout 20 p. 100.

Après cuisson normale, la même argile perd 15 p. 100 dans l'acide hydrochlorique bouillant en s'y décolorant rapidement ; la dissolution ne contient pas de silice.

Le résidu non attaqué, traité par la potasse liquide à chaud, cède à l'alcali 23 p. sur 85. En somme, ces réactifs enlèvent 35,30 p. 100 à l'argile proprement dite.

Après forte cuisson de brique, les acides sont sans action.

Voir en regard ci-contre les résultats offerts par les pouzzolanes de l'argile O″, comparées à la pouzzolane d'Italie.

Les proportions dans les tableaux sont celles qui donnent les cohésions maxima.

Lignes figuratives du progrès de la cohésion, dans les combinaisons constamment immergées d'une Chaux grasse avec la Pouzzolane artificielle produite par l'Argile ferrugineuse O", comparée à la Pouzzolane d'Italie.

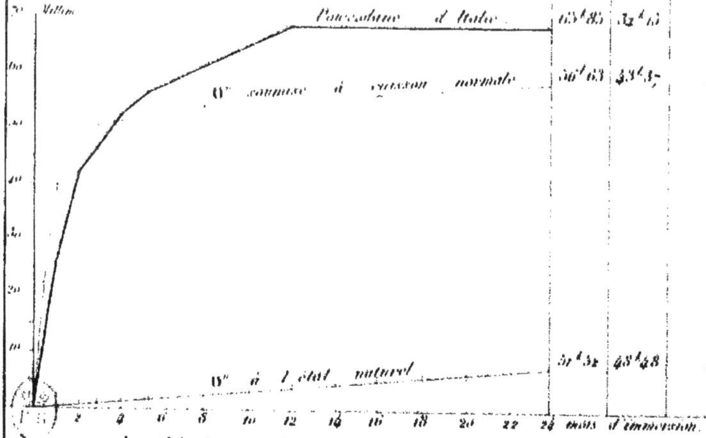

	Principes des Pouzzolanes: Silice ou Argile	Principes des Pouzzolanes: Étrangère à l'Argile	Ingrédiens des Bétons en Chaux grasse G	Vitesse de prise en jours	Cohésion après deux ans
Pouzzolane d'Italie	65k85	32k65	20k00	3j00	68
O" soumise à cuisson normale	56k63	33k37	20k00	1j00	53
O" à l'état naturel	51k32	48k48	20k00	27j00	7

Millim.

2 4 6 8 10 12 14 16 18 20 22 24 mois d'immersion.

Les Cohésions sont proportionnelles aux ordonnées comptées en millimètres

Lignes figuratives du progrès de la Cohésion dans les combinaisons constamment immergées d'une chaux grasse avec les Pouzzolanes artificielles produites par une terre à brique B, et la même terre b préalablement modifiée par une addition de Chaux, et ensemble comparées à la Pouzzolane d'Italie.

	Principe de Pouzzolanes : Terres ou [illegible]	Principe de Pouzzolanes : Étrangers à l'Italie	Proportions des Bétons en chaux grasse	Vitesse de prise en jours	Cohésion après deux ans
Pouzzolane d'Italie	65,85	34,15	20,00	3,00	68
B soumise à cuisson normale	42,90	57,10	10,00	1,00	50
id. id.	42,90	57,10	20,00	1,12	47
b soumise à faible cuisson de brique	37,34	62,66	10,00	0,80	26
id id.	37,34	62,66	20,00	0,90	25

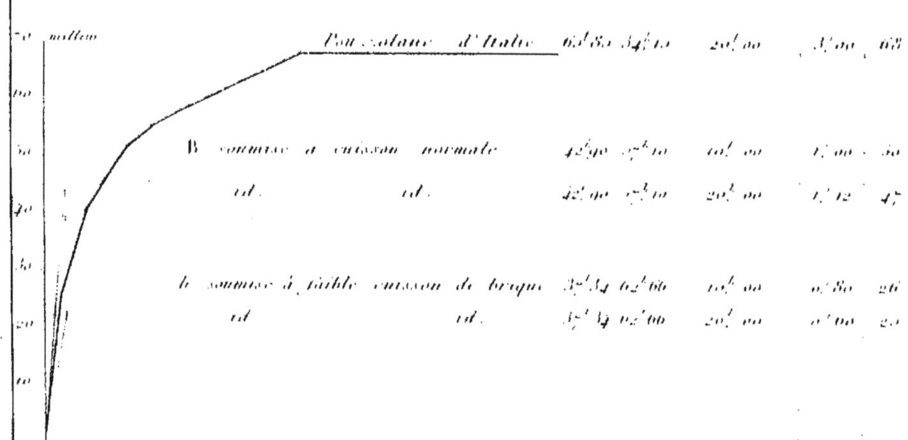

Les Cohésions sont proportionnelles aux ordonnées comptées en millimètres.

Pouzzolanes artificielles produites par une terre à brique cotée B.

Cette terre se trouve sur la commune de Montauban (Tarn-et-Garonne), dans le champ où est établi l'atelier de pouzzolane artificielle employée au canal latéral de la Garonne. Purgée du plus gros sable, elle contient, après cuisson normale, savoir :

Carbonate de chaux		3,50
Sable fin rougeâtre		49,00
Peroxyde de fer		4,60
Argile.	Silice	22,50
	Alumine	20,40
	Total	100,00

En ajoutant une certaine quantité de chaux à cette terre, on en formait des pains qui, soumis à une cuisson modérée, ont donné la pouzzolane artificielle généralement employée aux travaux hydrauliques du canal latéral à la Garonne.

Cette pouzzolane, que nous désignons par *b*, et telle qu'elle nous a été transmise par les soins de M. Lebrun, architecte à Montauban, s'est trouvée contenir, savoir :

Chaux		14,89
Sable fin		13,17
Peroxyde de fer		4,50
Argile.	Silice	49,92
	Alumine	17,52
Principes volatils		0,10
	Total	100,00

La pouzzolane B, en poudre fine tassée, a pesé 1201 kilog. le mètre cube, et cette dernière *b*, seulement 1038 kilog.

Voir en regard ci-contre les résultats offerts par ces pouzzolanes comparées entre elles et à la pouzzolane d'Italie en variant le dosage de la chaux.

Pouzzolanes artificielles produites par une terre à brique cotée D, et par des argiles des environs de Cherbourg cotées C.

Cette terre provient du coteau situé au nord d'Agen, à l'endroit où se trouve l'atelier de pouzzolane artificielle employée au canal latéral de la Garonne, purgée du plus gros sable, elle contient après cuisson normale, savoir :

Carbonate de chaux		22,90
Sable fin		21,80
Peroxyde de fer		2,00
Chaux combinée		2,00
Argile.	Silice	27,27
	Alumine	24,03
	Total	100,00

en ajoutant une certaine quantité de chaux à cette terre D, on en formait des pains qui, soumis à une cuisson modérée, ont donné la pouzzolane artificielle généralement employée aux travaux hydrauliques du canal.

Cette pouzzolane, que nous désignerons par *d*, contient, telle qu'elle nous a été transmise par les soins de M. l'ingénieur des ponts et chaussées Couturier, savoir :

Carbonate de chaux		31,00
Chaux libre		12,00
Sable fin		16,00
Peroxyde de fer		1,45
Argile.	Silice	20,00
	Alumine	17,65
Eau		2,00
	Total	100,00

La pouzzolane *d*, en poudre fine tassée, a pesé 1073 kilog. le mètre cube, et cette dernière *d* seulement 822 kilog.

La pouzzolane artificielle C, nous a été transmise de Cherbourg par M. l'ingénieur en chef Reibell ; elle contient, savoir :

Sable		42,00
Argile.	Silice	15,80
	Alumine	8,75
Chaux, peroxyde de fer et principes volatils ou solubles		34,25
	Total	100,00

Voir en regard ci-contre les résultats donnés par ces diverses pouzzolanes comparées entre elles, et à la pouzzolane d'Italie.

Lignes figuratives du progrès de la cohésion, dans les combinaisons constamment immergées d'une Chaux grasse avec les Pouzzolanes artificielles produites 1° par une terre à brique D, et la même terre d préalablement modifiée par une addition de Chaux 2° par les argiles c également modifiées par addition de Chaux, et ensemble comparées à la Pouzzolane d'Italie.

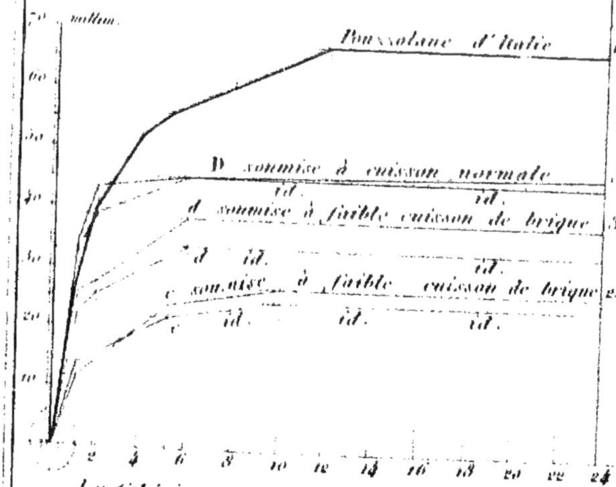

	Principes des Pouzzolanes: Actifs ou Argile	Principes des Pouzzolanes: Étrangers à l'Argile	Ingrédiens des Bétons en Chaux grasse G.	Vitesse de prise en jours	Cohésion après deux ans
Pouzzolane d'Italie	63k 85	34k 15	20k 00	3j 00	65
D soumise à cuisson normale	51k 29	45k 71	10k 00	1j 66	47
id. id.	id.	id.	20k 00	id.	46
d soumise à faible cuisson de brique	37k 55	62k 45	16k 00	0j 25	39
d id. id.	id.	id.	20k 00	id.	34
c soumise à faible cuisson de brique	23k 75	76k 25	10k 00	2j 00	27
c id. id. id.	id.	id.	20k 00	id.	25

Les Cohésions sont proportionnelles aux ordonnées comptées en millimètres.

Lignes figuratives du progrès de la Cohésion dans les combinaisons constamment immergées d'une Chaux grasse avec les Pouzzolanes artificielles produites par une terre à brique A, comparées à la Pouzzolane d'Italie

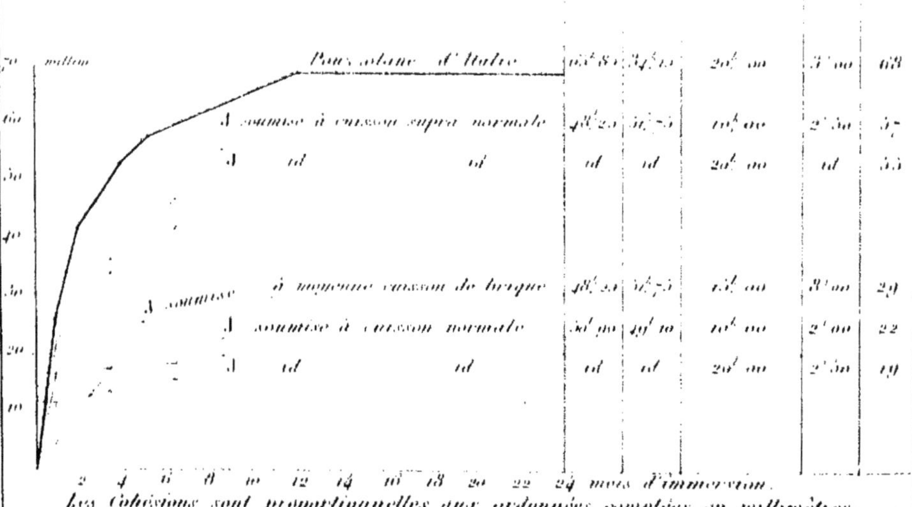

	Principes des Pouzzolanes: Silice ou quartz	Alumine et chaux	Intensité des Bétons en chaux grasse G	Vitesse de prise en jours	Cohésion après deux ans
Pouzzolane d'Italie	65ᵏ 85	34ᵏ 15	20ᵏ 00	3ʲ 00	68
A soumise à cuisson supra normale	48ᵏ 25	51ᵏ 75	10ᵏ 00	2ʲ 50	57
A id id	id	id	20ᵏ 00	id	55
A soumise à moyenne cuisson de brique	48ᵏ 25	51ᵏ 75	15ᵏ 00	8ʲ 00	29
A soumise à cuisson normale	50ᵏ 90	49ᵏ 10	10ᵏ 00	2ʲ 00	22
A id id	id	id	20ᵏ 00	2ʲ 50	19

Les Cohésions sont proportionnelles aux ordonnées comptées en millimètres.

Pouzzolanes artificielles produites par une terre à brique cotée J.

Cette terre provient du champ sur lequel est établi le four à poterie du faubourg de Saint-Joseph, à Grenoble ; elle appartient aux terrains d'alluvions modernes. Prise au hasard dans la fouille, et soumise à cuisson normale, elle s'est trouvée composée comme il suit :

Sable très-fin		20,60
Carbonate de chaux		15,96
Chaux et magnésie		5,04
Peroxyde de fer		7,50
Argile.	Silice	34,40
	Alumine	16,50
	Total	100,00

Cuite en gazette au degré de la brique peu cuite, et prise au hasard dans les débris récents, la même terre a donné, savoir :

Sable très-fin		26,50
Carbonate de chaux		3,44
Chaux combinée		8,06
Peroxyde de fer		6,25
Magnésie		3,00
Argile.	Silice	32,50
	Alumine	15,75
Eau hygrométrique		3,50
Perte		1.00
	Total	100,00

Le carbonate de chaux ayant été décomposé presque en totalité, ce dernier cas constitue la cuisson, que nous avons définie sous le nom de *suprà-normale.*

La pouzzolane qui ne pesait, après simple cuisson normale, que 791 kilog. le mètre cube, pèse actuellement 937 kilog.

Voir en regard ci-contre les résultats donnés par ces divers degrés de cuisson et par diverses proportions de chaux.

6 et 7

Pouzzolanes artificielles produites par une vase marneuse cotée T.

Cette vase, très-grossière, paraît former généralement le fond de la rade de Toulon ; M. l'ingénieur en chef Noël, aux soins duquel nous la devons, nous assure qu'elle est très-abondante. Elle contient, savoir :

	Après cuisson normale.	Après cuisson de brique entre forte et moyenne.
Sable fin	12,00	11,51
Carbonate de chaux	22,66	» »
Chaux	8,00	25,04
Peroxyde de fer	6,67	8,06
Argile. Silice	32,66	42,51
Argile. Alumine	8,66	10,47
Charbon des matières organiques, et sels solubles par différence	9,35	2,41
Total	100,00	100,00

A l'état de cuisson normale, la vase T fait fortement effervescence avec les acides, et dégage une odeur d'hydrogène sulfuré très-prononcée. Les matières végéto-animales n'y sont que charbonnées ; aussi la pouzzolane est-elle d'un gris noir.

Dans le deuxième cas de cuisson, les mêmes matières sont complétement brûlées, mais les silicates formés sont trop avancés en cohésion. La matière nous a manqué pour essayer la cuisson supra-normale.

Voir ci-contre les résultats donnés par les pouzzolanes de la vase marneuse T, employée avec diverses proportions de chaux, et comparées à la pouzzolane d'Italie.

Lignes figuratives du progrès de la Cohésion dans les combinaisons constamment immergées d'une Chaux grasse avec les Pouzzolanes artificielles produites par une Argile marneuse T, comparées à la Pouzzolane d'Italie.

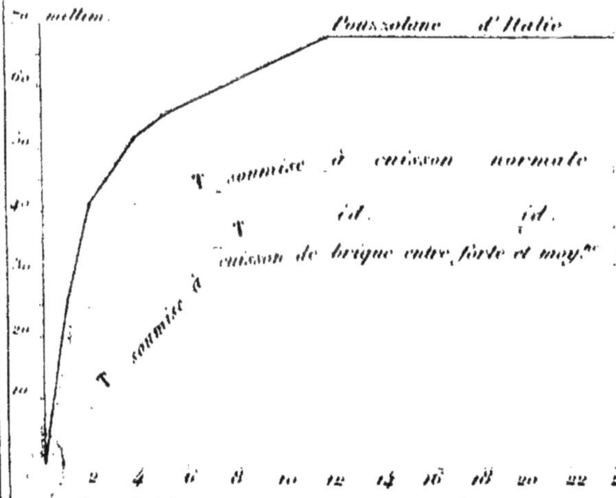

	Principes des Pouzzolanes: Actifs ou Argile	Principes des Pouzzolanes: Etrangers à l'Argile	Ingrédiens des Betons en Chaux grasse	Vitesse de prise en jours	Cohésion après deux ans
Pouzzolane d'Italie	65^k,85	34^k,15	20^k,00	3^j,00	68
T soumise à cuisson normale	41^k,32	58^k,68	10^k,00	1^j,50	47
T id. id.	id	id	20^k,00	id	38
T soumise à cuisson de brique entre forte et moy.^{ne}	40^k,98	50^k,02	20^k,00	14^j,00	32

Les Cohésions sont proportionnelles aux ordonnées comptées en millimètres.

Lignes figuratives du progrès de la Cohésion dans les combinaisons constamment immergées d'une Chaux grasse avec les Pouzzolanes artificielles produites par une Argile M, comparées à la Pouzzolane d'Italie.

	Principes des Pouzzolanes: [illegible] ou Argile	Étrangers à l'Argile	Ingrédients des Bétons en Chaux grasse G.	Vitesse de prise en jours.	Cohésion après deux ans.
M soumise à cuisson supra-normale	45k30	54k70	10k00	0j01	84
M soumise à cuisson normale	32k87	67k13	10k00	1j00	75
Pouzzolane d'Italie	65k85	34k15	20k00	3j00	68
M soumise à cuisson supra-normale	45k30	54k70	20k00	1j00	46
M soumise à cuisson normale	32k87	67k13	20k00	1j 14	44

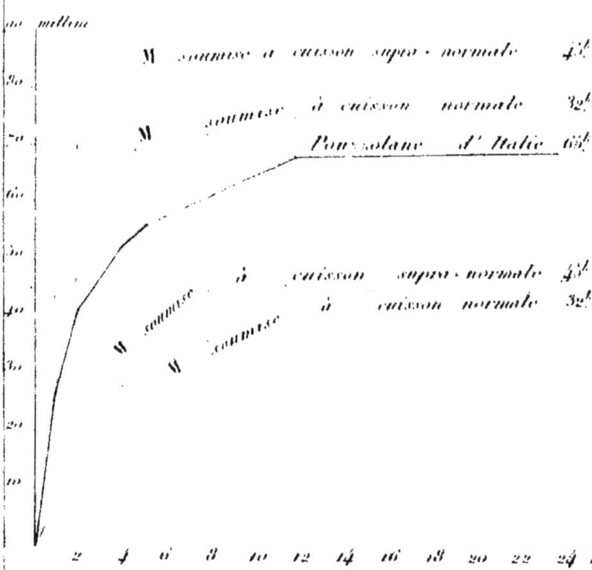

Les Cohésions sont proportionnelles aux ordonnées comptées en millimètres.

Pouzzolanes artificielles produites par une argile marneuse très-fine cotée M.

Cette marne, d'un gris bleuâtre très-pâle, appartient aux dépôts tertiaires de formation lacustre du département du Cantal. Elle contient, savoir :

Après cuisson normale.	Silice.	19,37
	Alumine.	13,50
	Traces de fer.	» »
	Magnésie.	0,55
	Chaux.	4,23
	Carbonate de chaux. .	62,35
	Total.	100,00

Après cuisson suprà-normale.	Silice.	26,70
	Alumine.	18,60
	Traces de fer.	» »
	Magnésie.	0,76
	Chaux.	53,94
	Carbonate de chaux.	» »
	Total.	100,00

Après cuisson normale, la matière attaquée par l'acide hydrochlorique bouillant, dégage beaucoup d'acide carbonique, et laisse pour résidu des flocons légers mais non entièrement gélatineux de silice et d'alumine. Après cuisson suprà-normale, l'acide hydrochlorique même à froid, donne instantanément naissance à une abondante gelée transparente de silice, absolument comme lorsqu'on attaque les ciments et les chaux éminemment hydrauliques. Résultat, du reste, facile à prévoir.

La composition de cette marne nous avait d'abord fait croire qu'elle pourrait fournir un ciment. L'expérience n'a pas confirmé cette prévision ; un essai synthétique a montré qu'il lui manque environ 16 p. 0/0 de chaux pour prendre rang parmi les ciments maigres. Cette particularité tient évidemment à ce que l'argile en est très-pure, et que rien n'est perdu pour la formation du silicate double d'alumine et de chaux, au lieu que, dans les ciments composés en apparence dans les mêmes proportions, il se trouve du sable et du peroxyde de fer en quantité notable (1).

Voir en regard ci-contre, les résultats offerts par les pouzzolanes tirées de la marne M, comparées entre elles et à la pouzzolane d'Italie, et eu égard à diverses proportions de chaux.

(1) Si, des ciments ordinaires, on élimine par la pensée les substances inertes, et que l'on cherche le rapport de la quantité chaux caustique à la quantité argile, on trouve qu'il varie de 100 pour 57 à 100 pour 78. Or, ce même rapport, dans la marne du Cantal, est de 100 à 83, et nous l'avons fait descendre de 100 à 53 par l'addition de 16 parties de chaux caustique. Tout rentre donc parfaitement dans les lois ordinaires relatives à la composition de cette classe de silicates.

Pouzzolanes artificielles produites par une terre à brique employée à Alger, et cotée A.

Cette terre a été essayée pour la première fois, comme pouzzolane, par MM. Raffeneau de Lile et Petzold (1) ; elle existe en bancs puissants aux environs d'Alger, et sert à la fabrication des tuiles et des briques. Elle a été analysée avec soin par M. l'inspecteur général des mines Berthier, qui l'a trouvée composée ainsi qu'il suit (2) :

	A l'état de briques du commerce.	A faible cuisson de briques.	A l'état naturel.
Silice	31,50	25,00	51,00 (Silice, Alumine et Quartz ensemble)
Alumine	12,76	10,30	
Quartz	13,74	10,70	
Carbonate de chaux	» »	43,00	40,60
Chaux	36,00	6,00	» »
Peroxyde de fer	6,00	5,00	4,00
Eau	» »	» »	4,60
Total	100,00	100,00	100,00

A l'état de brique du commerce, la matière est d'un jaune paille ; elle jouit d'une assez forte cohésion ; l'acide hydrochlorique l'attaque immédiatement avec production d'une vive chaleur : le résidu insoluble pèse 45 p. 0/0, et laisse dissoudre 31,50 de silice dans la potasse caustique ; le reste 13,50 est essentiellement quartzeux.

La faible coloration de la brique et la manière dont elle se comporte avec l'acide acétique prouve que le peroxyde de fer qu'elle contient s'y trouve combiné avec la silice, comme l'alumine et la chaux.

A faible cuisson de brique, la matière tire sur le rouge saumon cuit ; elle se brise facilement sous le marteau, mais ne fait plus pâte avec l'eau. Elle produit une vive effervescence avec les acides. L'acide acétique en dissout 48 p. 0/0, et la liqueur précipitée par l'ammoniaque donne 2,60 d'alumine presque pure, ce qui prouve que l'oxyde de fer ne s'y trouve qu'à l'état de simple mélange.

Voir en regard ci-contre, la manière dont la terre A, diversement cuite, se comporte comme pouzzolane.

---

(1) *Annales des ponts et chaussées*, mai et juin 1841, pag. 367 et suiv.
(2) *Annales des mines*, 3e série, tome XIX, pag. 659 et suiv.

Lignes figuratives du progrès de la Cohésion, dans les combinaisons constamment immergées d'une Chaux grasse avec les Pouzzolanes artificielles produites par une terre à brique cotée A, comparées à la Pouzzolane d'Italie.

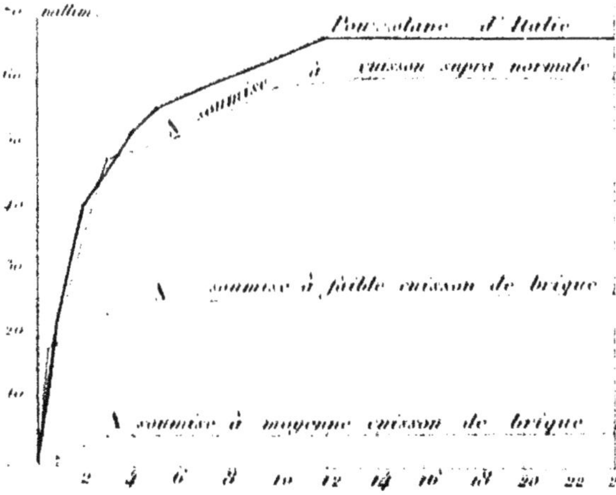

	Principes des Pouzzolanes: Silice ou Argile	Principes des Pouzzolanes: Etrangers à l'Argile	Ingrédients des Bétons en Chaux grasse 6	Vitesse de prise en jours	Cohésion après deux ans
Pouzzolane d'Italie	65k 85	34k 15	20k 00	3j 00	68
A soumise à cuisson supra normale	44k 26	55k 74	10k 00	1j 60	60
A soumise à faible cuisson de brique	35k 30	64k 70	10k 00	0j 80	26
A soumise à moyenne cuisson de brique	44k 50	55k 50	10k 00	" "	5

Les Cohésions sont proportionnelles aux ordonnées comptées en millimètres.

Parallèlle entre les Cohésions finales acquises par diverses gangues pouzzolaniques, et les quantités de principes actifs ou Argile contenues dans chacune d'elles.

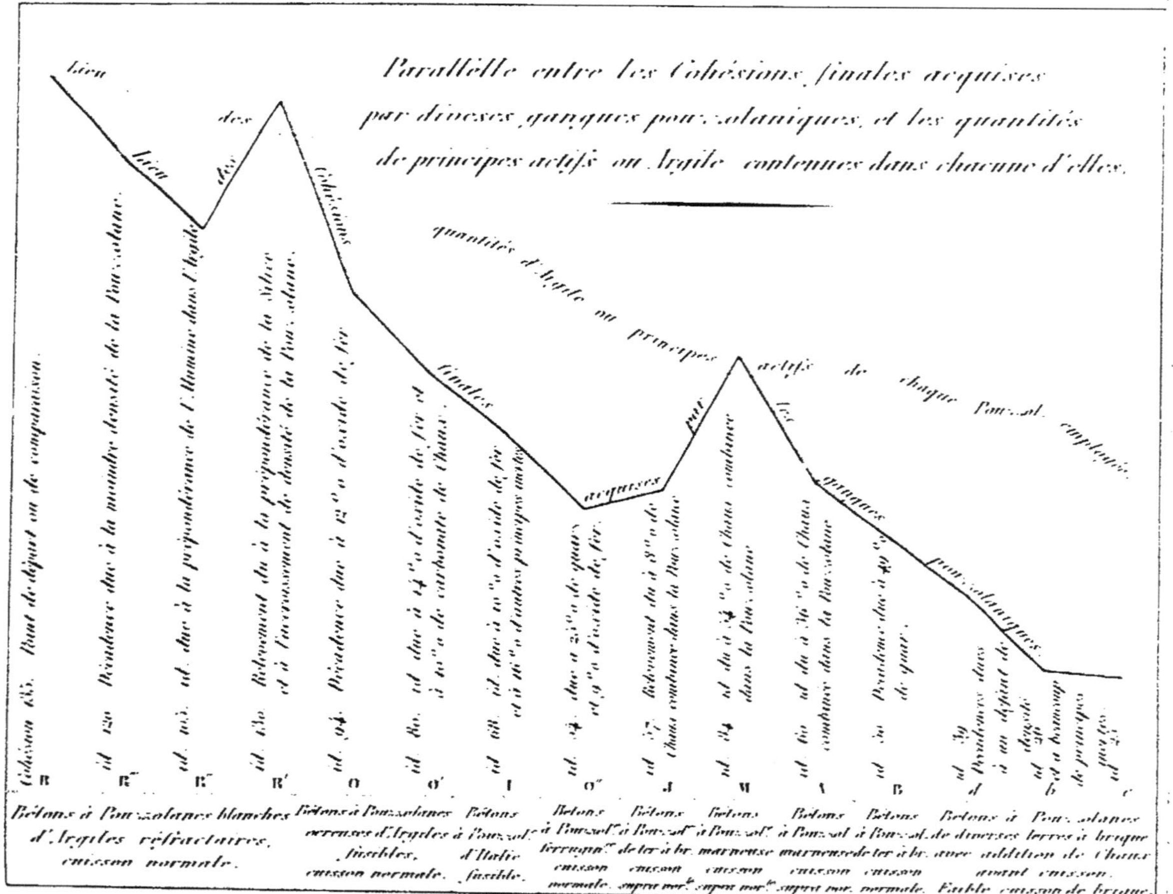

R	Cohésion 135.	Point de départ ou de comparaison.
R‴	id. 120.	Décadence due à la moindre densité de la Pouzzolane.
R″	id. 105.	id. due à la prépondérance de l'Alumine dans l'Argile.
R′	id. 130.	Relèvement dû à la prépondérance de la Silice et à l'accroissement de densité de la Pouzzolane.
O	id. 94.	Décadence due à 12 % d'oxide de fer.
O′	id. 80.	id. due à 14 % d'oxide de fer et à 10 % de carbonate de Chaux.
I	id. 68.	id. due à 10 % d'oxide de fer et à 16 % d'autres principes inertes.
O″	id. 34.	due à 25 % de quarz et 9 % d'oxide de fer.
J	id. 37.	Relèvement dû à 8 % de Chaux combinée dans la Pouzzolane.
M	id. 84.	id. dû à 34 % de Chaux combinée dans la Pouzzolane.
A	id. 60.	id. dû à 36 % de Chaux combinée dans la Pouzzolane.
B	id. 50.	Décadence due à 49 % de quarz.
d	id. 39.	Décadences dues à un défaut de degré
b	id. 26.	et à beaucoup de principes
c	id. 25.	inertes.

Bétons à Pouzzolanes blanches d'Argiles réfractaires, cuisson normale. — Bétons à Pouzzolanes ocreuses d'Argiles fusibles, cuisson normale. — Bétons à Pouzzol.ᵉ d'Italie fusible. — Bétons à Pouzzol.ᵉ ferrugin.ˢᵉ cuisson normale. — Bétons à Pouzzol.ᵉ de ter. à br. cuisson supér.ʳᵉ nor.ˡᵉ — Bétons à Pouzzol.ᵉ marneuse cuisson supér.ʳᵉ nor.ˡᵉ — Bétons à Pouzzol. marneuse cuisson supér. nor. — Bétons à Pouzzol. de ter. à br. cuisson normale. — Bétons à Pouzzolanes de diverses terres à brique avec addition de Chaux avant cuisson. Faible cuisson de brique.

Rapprochement des faits propres à éclairer sur le choix des argiles ou terres à pouzzolanes, et sur le degré de cuisson qui leur convient.

Si toutes les pouzzolanes employées à nos expériences étaient constituées en silice et alumine, dans des proportions constantes et sous une même densité, si les matières inertes qui interviennent, étaient uniformément composées en quartz, fer, carbonate de chaux, etc., et seulement variables par leur somme, nul doute que la valeur pouzzolanique ne pût être exactement mesurée par la quantité *argile* comparée à la quantité *matières inertes*. Mais il s'en faut qu'il en soit ainsi.

Densité, proportions, principes, tout varie ; le quartz, l'oxyde de fer, le carbonate de chaux, la magnésie, etc., interviennent tantôt séparément, tantôt deux à deux, tantôt trois à trois, tantôt tous ensemble, et bien que la cohésion d'une gangue pouzzolanique (1) soit fonction de tous les éléments qu'elle renferme, et aussi du degré de cuisson qu'ils ont subi, on doit évidemment renoncer à en formuler le rapport précis avec ces mêmes éléments. Resserrer, autant que possible, les limites de l'approximation ; jalonner, au plus près, la ligne dont les petits détours échappent aux recherches, c'est tout ce qu'en pareille matière on peut exiger, et la solution du problème conduite à ce point peut suffire à tous les besoins de la technique.

Le tableau résumé ci-contre justifie parfaitement les observations qui précèdent. On y remarque que l'ordre des *cohésions* ne suit pas constamment l'ordre des quantités *argile*, mais qu'il s'en écarte généralement fort peu. La cause de chaque écart est toujours motivée ; tantôt c'est par la différence de densité des pouzzolanes, tantôt par la prépondérance de la silice ou de l'alumine chez quelques-unes, et tantôt enfin par la diversité des principes

(1) On donne généralement le nom de béton aux agrégats de cailloux ou blocailles cimentés par une *gangue*, composée tantôt de chaux et de pouzzolane, tantôt de chaux hydraulique et de sable seulement, tantôt enfin de chaux grasse, de sable et de pouzzolane mêlés. Pour conserver autant que possible à chaque composé sa dénomination usuelle, et prévenir en même temps toute équivoque, nous appellerons, savoir :

Mortier ordinaire : l'agrégat de chaux grasse et de sable seul ;

Mortier hydraulique : l'agrégat de chaux hydraulique et de sable seul ;

Pâte ou *gangue pouzzolanique :* toute combinaison de chaux et de pouzzolane ;

Béton : tout agrégat de cailloux ou de blocailles ayant pour gangue l'un des trois composés précédents.

inertes intervenus. Mais cette cause, quand on arrive aux argiles marneuses contenant au delà de 20 p. 0/0 de carbonate de chaux, et soumises d'ailleurs à cuisson suprà-normale, réside évidemment alors dans la combinaison par voie sèche, provoquée entre la chaux et l'argile : et le surcroît de cohésion qui s'ensuit tient à un ordre de phénomènes que nous discuterons plus tard. En attendant, nous sommes autorisé à conclure de tout ce qui précède, savoir :

1° Que le rang d'une terre à pouzzolane se règle à très-peu près par la proportion d'argile qu'elle renferme; d'où il suit que l'argile pure est la terre à pouzzolane par excellence;

2° Qu'à égales proportions d'argile, et tout étant égal d'ailleurs entre deux terres, la meilleure est celle dont l'argile contient une plus forte proportion de silice, sans pourtant dépasser une certaine limite qui n'exclut pas, à beaucoup près, toute l'alumine (1);

3° Qu'à identité de proportions et de principes, c'est la pouzzolane spécifiquement la plus pesante qui doit l'emporter;

4° Que la cuisson normale est, de tous les modes de cuisson, celui qui développe au plus haut point les qualités pouzzolaniques des argiles et terres exemptes de carbonate de chaux, ou n'en contenant que moins de 12 à 15 p. 0/0;

5° Que la cuisson suprà-normale convient, au contraire, à toutes les terres ou argiles, où la proportion de carbonate de chaux est comprise entre 20 et 50 p. 0/0.

Quant aux degrés de cuisson plus élevés que les précédents, et tels que nous avons cherché à les définir pages 14 et 15, nous ne pouvons, pour en montrer les effets, que renvoyer aux lignes figuratives des pages 25 jusqu'à 49 inclusivement. Nous sommes convenus au surplus de l'impossibilité de bien préciser les distinctions pyrométriques qui existent entre forte et moyenne cuisson de brique; il reste donc toujours un peu de vague, et l'on ne doit considérer que comme approximatives les assimilations à tel ou tel degré, marquées sur chacune des lignes susdites. Il n'en résulte pas moins et avec une grande évidence, que la qualité pouzzolanique des argiles quelconques

(1) On a pu voir, planche 26, que la gangue, composée avec la silice extraite de la pouzzolane normale R par l'acide sulfurique, n'a pas atteint, à beaucoup près, à la cohésion de la gangue composée avec ladite pouzzolane elle-même

s'affaiblit rapidement à mesure que l'intensité du feu auquel elles sont livrées, partant du rouge qui suffit à décomposer le carbonate de chaux (rouge plus que sombre) s'avance vers le rouge vif, et de là au rouge blanc; et qu'au terme de la fusion pâteuse pour les argiles ocreuses ou marneuses, ou d'un léger ramollissement pour les argiles réfractaires, la matière obtenue est aussi inerte que le quartz.

Ne voulant point entremêler des aperçus théoriques plus ou moins probables avec des faits positifs et des conclusions pratiques, nous avons dû renvoyer à la fin de cette section la discussion purement chimique des phénomènes exposés ci-devant.

Chaux éminemment hydrauliques et chaux grasse comparées dans leur action sur les pouzzolanes du premier ordre.

Le tableau en regard ci-contre a pour objet de montrer comment se comportent comparativement à la chaux grasse G, les chaux éminemment hydraulique, argileuse A et siliceuse S, combinées avec les pouzzolanes de premier ordre R et R''' produites par des argiles réfractaires pures.

On voit d'un coup d'œil, que pour aucune des proportions de chaux, et pour aucun des cas spécifiés audit tableau, les gangues pouzzolaniques à chaux argileuse ou siliceuse n'ont pu atteindre à la cohésion finale des gangues correspondantes à chaux grasse.

Ces résultats, en apparence contraires à toute prévision, seront expliqués et justifiés plus loin. En attendant, on comprendra que si l'excellence d'une gangue pouzzolanique dépend de l'exactitude de certaines proportions entre la pouzzolane donnée et la chaux pure, il doit être impossible, à moins de circonstances particulières, de réaliser rigoureusement ces proportions, et de maintenir d'ailleurs les relations respectives de principe à principe, par l'emploi d'une chaux hydraulique; on ne peut, en effet, en introduire une quantité quelconque sans introduire en même temps de la silice et de l'alumine, non-seulement combinées dans un rapport tout autre que celui de la silice et de l'alumine de la pouzzolane donnée, mais aussi placées dans une condition chimique différente.

Lignes figuratives du progrès de la Cohésion, dans les combinaisons constamment immergées de diverses Chaux avec les Pouzzolanes produites par les Argiles réfractaires R et R'' soumises à cuisson normale.

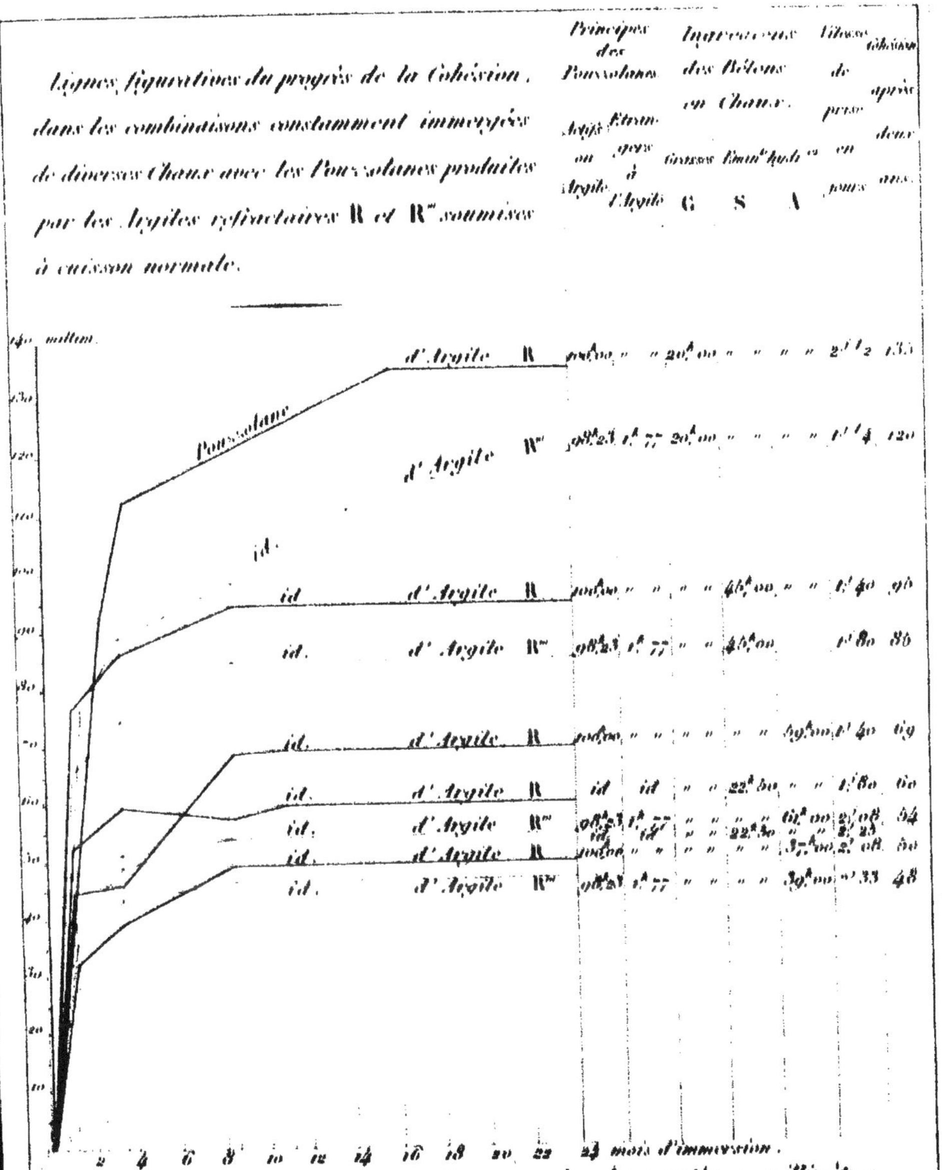

Pouzzolane	Principes des Pouzzolanes: Argile ou Argile	Principes des Pouzzolanes: Étrangère à l'Argile	Ingrédients des Bétons en Chaux: Grasse G	Éminᵗ hydrᵉˢ S	A	Vitesse de prise en jours	Cohésion après deux ans
Pouzzolane d'Argile R	100k,00	"	20k,00	" "	" "	2 1/2	135
id. d'Argile R''	98k,23	1k,77	20k,00	" "	" "	1 1/4	120
id d'Argile R	100k,00	" "	" "	46k,00	" "	1,40	96
id. d'Argile R''	98k,23	1k,77	" "	45k,00		1,80	86
id. d'Argile R	100k,00	" "	" "	" "	59k,00	1,40	69
id. d'Argile R	id	id	" "	22k,50	" "	1,80	60
id. d'Argile R''	98k,23	1k,77	" "	" "	61k,00	2,08	54
	id	id	" "	22k,50	" "	2,23	
id. d'Argile R	100k,00	" "	" "	" "	37k,00	2,08	50
id. d'Argile R''	98k,23	1k,77	" "	" "	39k,00	" 3,33	48

140 millim. 130 120 110 100 90 80 70 60 50 40 30 20 10

2 4 6 8 10 12 14 16 18 20 22 24 mois d'immersion.

Les Cohésions sont proportionnelles aux ordonnées comptées en millimètres.

Lignes figuratives du progrès de la Cohésion dans les combinaisons constamment immergées de diverses Chaux avec les Pouzzolanes artificielles produites par une Argile ocreuse O et par une terre à brique J, soumises à cuisson normale.

Principes des Pouzzolanes: Actifs ou Argile	Étrangers à l'Argile	Ingrédiens des Bétons en Chaux: Grasse G	Éminemment S	hydraulique A	Vitesse de prise en jours	Cohésion après deux ans.

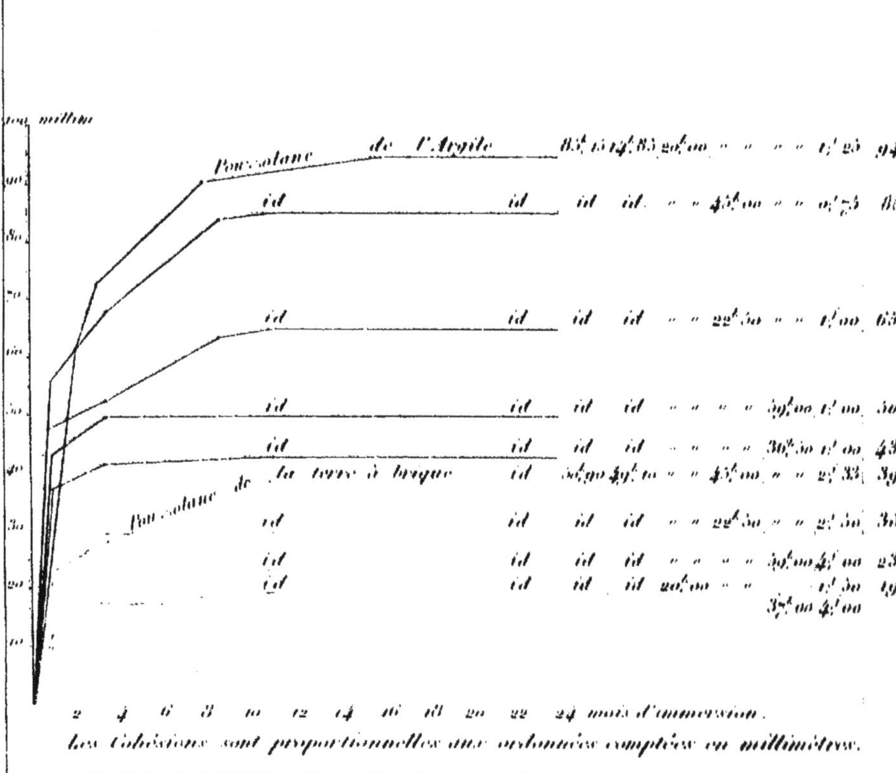

Chaux éminemment hydrauliques et chaux grasses comparées dans leur action sur une pouzzolane ocreuse du premier ordre et sur une pouzzolane très-médiocre.

Le tableau en regard ci-contre, a pour objet la continuation des comparaisons entre les chaux éminemment hydrauliques, argileuse A et siliceuse S, et la chaux grasse G, relativement à la qualité particulière des pouzzolanes employées.

Ici encore, les gangues à chaux éminemment hydrauliques, et pouzzolane ocreuse O de premier ordre, n'ont pu atteindre à la cohésion finale de la gangue correspondante à chaux grasse, pour aucune des proportions et pour aucun des cas spécifiés audit tableau.

Mais dès qu'on est descendu à la pouzzolane de troisième et dernier rang cotée J, il y a eu revirement complet dans les phénomènes. Les gangues à chaux éminemment hydrauliques, employées en fortes proportions, ont décidément pris l'avantage.

Nous devons nous borner, quant à présent, à l'énoncé de ces résultats : la théorie arrivera en son lieu. En attendant, on peut imaginer qu'en introduisant dans les gangues de la silice et de l'alumine, les chaux hydrauliques suppléent en partie à ce qui manque aux pouzzolanes médiocres, bases de ces mêmes gangues.

Chaux éminemment hydraulique, chaux moyennement hydraulique, et chaux grasse, comparées dans leur action sur la pouzzolane d'Italie et sur une pouzzolane artificielle médiocre.

A l'appui des expériences qui précèdent, nous présentons, dans le tableau figuratif en regard ci-contre, celles qu'a bien voulu nous communiquer M. Noël, directeur des travaux hydrauliques du port de Toulon. Ce rapprochement offre d'autant plus d'intérêt, que la même chaux siliceuse S de l'Ardèche joue un rôle important de part et d'autre.

Ici nous avons à comparer une chaux éminemment hydraulique et deux chaux moyennement hydrauliques à une chaux grasse dans leur action sur la pouzzolane d'Italie et sur une pouzzolane artificielle du troisième rang, c'est-à-dire médiocre. Nous ferons remarquer que l'immersion des gangues a eu lieu en eau de mer, circonstance qui a dû modifier les réactions chimiques mutuelles des principes mis en présence, et probablement aider à l'exception qui s'aperçoit tout d'abord, à savoir : qu'à l'égard de la pouzzolane d'Italie, la chaux siliceuse S en forte proportion, a prévalu sur la chaux grasse du pays. Hormis ce cas de forte proportion, la chaux grasse, à l'égard de la même pouzzolane, l'a emporté sur la chaux siliceuse et sur les chaux moyennement hydrauliques, et celles-ci ont repris l'avantage à l'égard de la pouzzolane médiocre ou brique pilée du pays (1).

En récapitulant et traduisant ces divers faits en énoncés généraux, nous sommes autorisé à conclure dans le sens de nos premières publications :

1° Qu'en quelques proportions qu'on emploie une chaux éminemment hydraulique, siliceuse ou argileuse, avec une pouzzolane de premier ordre, on ne peut arriver au même degré de cohésion finale que par l'intervention d'une chaux grasse ;

2° Que pour approcher le plus possible des résultats obtenus avec la chaux grasse, il faut employer, selon le cas, depuis deux fois jusqu'à trois fois autant de chaux hydraulique ;

---

(1) Nous prévenons, une fois pour toutes, que les expériences de M. l'ingénieur en chef Noël, sur la pouzzolane d'Italie, nous ont été communiquées sans commentaire quelconque ; et qu'ainsi, sur nous seul doit peser la responsabilité des conclusions qui en seront déduites dans le cours de ces études.

Expériences de Toulon.

Lignes figuratives du progrès de la Cohésion dans les combinaisons constamment immergées en eau de mer; de Pouzzolane d'Italie, de brique pilée avec des Chaux de diverses qualités.

Pouzzolanes en volume de d'Italie	brique concassée pilée	Chaux mesurées en pâte: Eminemt hydrauliques 8	Moyennement hydrauliques argileuses de St de la [illegible]	[illegible] de pierre en roues	Cohésion après deux ans
2me ou		1re ou		3e ou	75
2me ou		1re ou		4e ou	68
	2me ou	1re ou		3e ou	60
2me ou			1re ou	3e ou	57
id		1re ou		id	53
id			1re ou	3e ou	53
	2me ou	1re ou		10e ou	43
2me ou			1re ou	3e ou	40

Les Cohésions sont proportionnelles aux ordonnées comptées en millimètres.

3° Qu'à l'égard des pouzzolanes médiocres, les chaux hydrauliques l'emportent constamment sur la chaux grasse, mais à condition d'intervenir en fortes proportions.

En somme donc, il n'y a aucun avantage et sous aucun rapport, à composer la gangue des bétons avec de bonnes pouzzolanes et de bonnes chaux hydrauliques(1), à moins qu'il ne s'agisse de bétonnements exposés immédiatement à être désunis et délavés par le choc des ondes ou par la vitesse d'un courant ; en pareil cas, les gangues de ce genre peuvent rendre de grands services, parce que l'excès de chaux qu'elles exigent donne à leur pâte une consistance grasse et tendre, sur laquelle l'eau glisse et a peu de prise.

(1) Cette conclusion ne concerne que les bétons d'eau douce.

Influence du sable introduit dans les combinaisons de chaux grasse et de pouzzolane.

La pâte hydraulique, résultant du mélange en proportions convenables d'une bonne pouzzolane et d'une chaux grasse, contracte, en se solidifiant sous l'eau, une cohésion très-supérieure à sa faculté d'adhérence; on devait donc prévoir que l'introduction du sable dans une telle pâte donnerait lieu à un agrégat moins cohérent que la gangue employée seule; mais peut-être ne s'attendait-on pas à l'énorme différence qui résulte de cette sorte d'alliance. Nous nous félicitons de pouvoir corroborer ce que nous avons dit ailleurs à ce sujet par les expériences figurées ci-contre, expériences empruntées aux tableaux de M. Noël, et dont il va résulter selon nous cet enseignement important, savoir : qu'il y a désavantage très-prononcé à préférer à un simple mortier à sable et bonne chaux hydraulique, une gangue à chaux grasse et bonne pouzzolane, lorsque celle-ci doit être employée avec addition de sable. Il fallait quelque chose d'aussi clair et d'aussi positif que ce qui est figuré ci-contre, pour montrer à quelles illusions on peut se laisser entraîner dans le choix des matières, lorsqu'on se décide par induction ou par à peu près. Il est en effet peu de praticiens qui, comparant après quelques mois d'immersion la cohésion d'un bon mortier hydraulique à celle d'une bonne gangue à pouzzolane placée dans les mêmes circonstances, et frappés de la supériorité de cette dernière, ne croient pouvoir la maintenir encore en modifiant la pouzzolane par une addition de moitié sable : on voit ce qui en résulte.

Le rôle des matières que nous avons qualifiées d'inertes dans les pouzzolanes impures n'est donc pas, comme on pourrait le croire, un rôle insignifiant duquel il ne puisse résulter ni bien ni mal; la présence de ces matières dans une gangue l'affaiblit proportionnellement à la somme des espaces qu'elles y occupent, multipliée par la différence de la cohésion à l'adhérence dans ladite gangue.

Cette vérité ressort visiblement d'ailleurs de la grande infériorité des pouzzolanes de terres à briques, ou argiles chargées de sable, comparées précédemment aux pouzzolanes d'argiles pures.

Expériences de Toulon.

Lignes figuratives du progrès de la Cohésion dans les combinaisons et alliages constamment immergés en eau de mer, de Pouzzolane d'Italie et sable de mer seuls ou mêlés avec diverses Chaux.

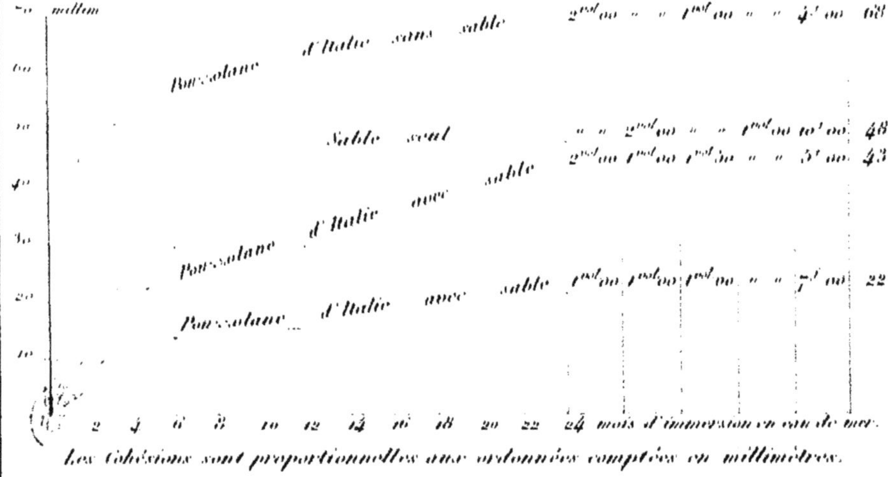

	Pouzzol.e d'Italie en volume	Sable de mer en volume	Chaux grasse en pâte	Chaux contenant hydraul.é en pâte	Vitesse de prise en jours	Cohésion après deux ans
Pouzzolane d'Italie sans sable	2vol.00	" "	1vol.00	" "	4j.00	68
Sable seul	" "	2vol.00	" "	1vol.00	10j.00	48
Pouzzolane d'Italie avec sable	2vol.00	1vol.00	1vol.30	" "	5j.00	43
Pouzzolane d'Italie avec sable	1vol.00	1vol.00	1vol.00	" "	7j.00	22

Les Cohésions sont proportionnelles aux ordonnées comptées en millimètres.

Considérations chimiques sur les faits divers énoncés dans les chapitres précédents.

Nous nous sommes, dans tout ce qui précède, borné à présenter, à coordonner des faits, et à en déduire des conséquences pour la technique. Nous avons choisi pour nos expériences les principales variétés d'argiles et de terres à brique que l'on rencontre dans la nature, afin que chacun pût trouver dans nos tableaux quelque exemple à peu près semblable au cas dont il aurait à s'occuper. La pouzzolane d'Italie, prise pour terme de comparaison, est intervenue comme une espèce d'étalon ou d'unité de mesure, à laquelle il a été facile de rapporter à chaque instant la manière d'être des pouzzolanes artificielles supérieures ou inférieures en qualité.

Le praticien pourrait à la rigueur se guider dans le choix, la préparation et l'emploi de ses matériaux, par la seule inspection des planches figuratives et du texte placé en regard; mais s'il était possible cependant, de lier tous les faits et toutes les déductions par quelques considérations théoriques très-simples, la mémoire aurait moins de peine à les retenir, et il deviendrait plus facile à chacun de combler les lacunes que laissent ordinairement les recherches purement expérimentales. Tel est le but de la discussion chimique qui fait l'objet de ce chapitre.

Les lignes figuratives du progrès de la solidification de nos gangues pouzzolaniques présentent, ainsi qu'on aura pu le remarquer, des parties qui, de rapidement ascendantes, passent assez brusquement à une inclinaison voisine de l'horizontalité pour se relever ensuite. Ces irrégularités ne sont pas des anomalies proprement dites; elles ont leur cause dans les variations de température du bain d'immersion. Elles seraient toutes comprises entre les mêmes ordonnées verticales, si les gangues avaient pu être fabriquées et immergées dans la même saison ou à la même époque. Il ne faut pas s'étonner que le travail moléculaire de la solidification soit en quelque sorte suspendu par le refroidissement du milieu ambiant, puisqu'on parvient à l'accélérer, en élevant la température de ce milieu, ainsi que nous l'avons depuis longtemps annoncé.

Comme, dans ce qui va suivre, nous aurons à considérer la silice de diverses provenances, nous appellerons *silice gélatineuse* celle que l'on obtient sous cette forme des silicates alcalins ou des ciments et chaux éminemment hydrauliques, traités par l'acide hydrochlorique; *silice argileuse*, celle que l'on peut extraire des argiles crues par l'acide sulfurique bouillant; et enfin *silice pouzzolanique*, celle que donneraient par le même moyen les pouzzolanes ou argiles modérément cuites. Par ordre de densité, la silice cristallisée du quartz tient le premier rang, en cet état elle est sans action sur la chaux, même par voie sèche.

Viennent ensuite dans le même ordre : la silice pouzzolanique et la silice gélatineuse calcinée au rouge, *ex æquo;* puis la silice argileuse correspondant à la silice hydratée, c'est-à-dire, à la silice gélatineuse naturellement desséchée.

Sous les trois états ci-dessus définis, la silice *est pouzzolane*, puisqu'elle neutralise la chaux par voie humide; mais les silicates ainsi formés sont loin de contracter la même cohésion.

Les plus résistants appartiennent aux moyens termes, c'est-à-dire, au cas de moyenne densité, et c'est ce que nos expériences de 1819 avaient déjà démontré. Il en résulte, en effet, que la silice desséchée sans être entièrement privée d'eau, l'emporte sur la silice gélatineuse et sur la silice calcinée au rouge, comme la silice argileuse l'emporte sur la silice pouzzolanique; et cela se conçoit très-bien s'il y a défaut de densité dans les composés où la silice intervient à l'état de division extrême, et défaut d'affinité dans le cas contraire, dont la limite correspond au quartz. Ces notions étaient nécessaires à la suite de ce chapitre.

Nous avons dit (pag. 22 et suivantes) que la pouzzolane d'Italie et les pouzzolanes artificielles provenant d'argiles pures ou altérées seulement par la présence du quartz divisé et de l'oxyde de fer, n'abandonnent aucune quantité appréciable de silice à l'acide hydrochlorique. Cela étant, si, après quatre ou cinq mois d'immersion, on attaque par le même acide les gangues hydrauliques, dont les pouzzolanes susdites font partie, il se dissout au contraire beaucoup de silice, les liqueurs rapprochées par le refroidissement ou par l'évaporation se prennent en gelée transparente, etc., il en résulte incontestablement que le nom de *combinaison* que nous avons donné par anticipation aux mélanges de chaux grasses éteintes et de pouzzolanes devenus solides dans l'eau, est bien celui qui convient. Il y a eu combinaison, puisque la silice a été modifiée dans sa cohésion, et portée à l'extrême degré de division chimique. On peut au contraire, laisser un an et plus en macération humide, une mélange de chaux éteinte et d'argile crue, sans que l'état chimique de celle-ci éprouve aucun changement. Le mélange attaqué par les acides abandonne de la chaux et un peu d'alumine sans trace pondérable de silice.

Le fait de combinaison entre la chaux et les pouzzolanes est donc chose bien établie, et nous pouvons démontrer d'ailleurs que cette combinaison s'opère entre les trois principes chaux, silice et alumine, ou en d'autres termes, qu'il se forme un silicate double hydraté; en effet, s'il ne se formait qu'un simple silicate de chaux, dans le tissu duquel l'alumine seule, ou un aluminate de chaux, ou un silicate d'alumine, resterait interposé par voie de mélange, la gangue ainsi conçue deviendrait évidemment inférieure en cohésion au silicate de chaux pur. Or, le contraire arrive précisément et d'une manière très-tranchée, ainsi qu'on peut le voir, page 26 (1). Donc, toute gangue dont

---

(1) La pouzzolane normale R' (page 26) a donné une gangue dont la cohésion s'est élevée au chiffre 130. La gangue composée avec la silice séparée de cette pouzzolane par l'acide sulfurique n'a pu arriver qu'au chiffre 30. Nous représentions par 92 la cohésion moyenne des gangues à bonnes pouzzolanes artificielles, et par 38 celle des gangues à silice pouzzolanique tirée des mêmes pouzzolanes dans notre premier travail de 1819. On voit que, abstraction faite de la valeur des rapports, la différence, dans le même sens, est énorme de part et d'autre. Or, il faut considérer que l'aluminate de chaux reste constamment mou sous l'eau; donc, etc.

la pouzzolane était un silicate d'alumine est elle-même actuellement un silicate hydraté d'alumine et de chaux.

Que la combinaison ne soit pas tout à fait complète; qu'en dehors, il puisse se trouver une petite quantité d'alumine ou de pouzzolane, ou d'aluminate de chaux, ou enfin de la chaux libre; c'est ce que nous n'essayerons pas de contester. La présence d'une certaine quantité de chaux libre dans les gangues pouzzolaniques trop grasses est d'ailleurs un fait certain. Mais ce qui nous paraît hors de doute, c'est que la masse principale est une combinaison trinaire.

C'est ici le lieu de faire remarquer que, quoique dépendantes l'une de l'autre, la cohésion physique et la cohésion chimique ou affinité ne sont pas nécessairement proportionnelles entre elles. Nous aurons plus loin occasion de voir des gangues hydrauliques très-peu cohérentes résister très-bien à l'action de certaines dissolutions salines, sous l'influence desquelles d'autres gangues plus dures se décomposent complétement. Il est donc important pour l'intelligence des phénomènes de séparer quelquefois par la pensée, ce qui appartient aux forces d'affinité de ce qui produit la dureté ou cohésion physique.

Au moyen des notions qui précèdent, nous serons en mesure d'expliquer la plupart des résultats consignés sur les feuilles figuratives jointes au texte de cette première section.

La pureté des argiles, comme condition de l'excellence des pouzzolanes artificielles, se concevra à priori, puisque la silice et l'alumine sont les seuls principes actifs de celles-ci.

Le rôle négatif des substances inertes, quartz divisé, peroxyde de fer et carbonate de chaux, se concevra également, puisque ces substances s'interposent dans un milieu dont la cohésion propre surpasse la faculté d'adhérence, et que les deux dernières sont d'ailleurs à l'état impalpable et sans dureté.

L'influence des divers degrés de cuisson s'explique suffisamment : la cuisson normale, en chassant seulement l'eau qui constitue les argiles à l'état de silicates hydratés d'alumine, modifie cette combinaison de voie humide à tel point, que les acides faibles, dont l'action sur les argiles crues est très-bornée, suffisent alors à en dissoudre l'alumine en grande partie. Le même degré de cuisson porte au maximum d'oxydation le fer fréquemment combiné dans certaines argiles, et l'isole de manière qu'après quelques minutes d'ébullition, l'acide hydrochlorique ou l'eau régale le dissolvent en grande partie et souvent en totalité. La silice et l'alumine des argiles se trouvent donc, après cuisson normale, dans un état de liberté ou de moindre affinité qui permet à la chaux, intervenant par voie humide, de constituer l'union trinaire ou silicate double, cause du durcissement de toute gangue immergée. Mais une cuisson plus forte commence à changer ces dispositions; arrivée à un certain degré d'intensité, elle rapproche et lie, par voie sèche, la silice et l'alumine, et, le cas échéant, les autres principes accidentels contenus dans les argiles, d'une manière si intime, qu'ils deviennent désormais rebelles à toute action de la chaux par voie humide.

Cette forte combinaison, destructive de toute propriété pouzzolanique, arrive pour les argiles chargées de principes fondants, à une température nécessairement moins élevée que pour les argiles pures. En partant de là, quelques expérimentateurs (1) ont cru devoir conclure « qu'il faut appliquer aux argiles marneuses un degré de cuisson moindre qu'aux argiles réfractaires. » Cette affirmation est ambiguë; elle ne précise rien; elle serait vraie, s'il s'agissait d'éviter le point de cuisson, où toute propriété pouzzolanique disparaît de part et d'autre; mais elle est fausse, si l'on veut arriver au terme où cette propriété se développe au plus haut degré. Il est de toute évidence que le but auquel on doit tendre, à l'égard des argiles marneuses, est d'en modifier, autant que possible, pour l'utiliser, le principe inerte ou carbonate de chaux, sans provoquer la formation d'un silicate sans valeur, formation déjà très-avancée au degré de *moyenne*

---

(1) *Mémoire du général Treussart*, pag. 176 et 100.

cuisson de brique. La cuisson suprà-normale atteint ce but en suppléant à l'intensité du feu par la durée, et dans l'argile marneuse ainsi cuite, il n'y a plus, au lieu de carbonate de chaux, que de la chaux combinée, qui prend rang parmi les principes actifs concourant à la cohésion de la gangue.

Cette amélioration, toutefois, ne fait pas que les pouzzolanes d'argiles marneuses puissent égaler en qualité les pouzzolanes d'argiles pures normalement cuites; elles n'arrivent qu'au second ou troisième rang, laissant au-dessous d'elles les pouzzolanes d'argiles quelconques artificiellement imprégnées d'une certaine quantité de chaux.

L'infériorité de ces dernières paraît due, en partie du moins, à un défaut de densité, conséquence forcée du procédé employé pour y introduire de la chaux (1); il est possible aussi, que le faible degré de cuisson auquel on les soumet, ne produise pas un silicate d'alumine et de chaux identique avec celui qui résulte de la cuisson suprà-normale appliquée aux argiles marneuses. Ici, en effet, la formation du silicate doit être précédée de la décomposition du carbonate de chaux, qui n'a lieu qu'à une température où déjà l'argile se trouve cuite; tandis que dans l'autre cas, au contraire, l'argile crue est en contact avec la chaux dès le commencement. Nous sommes, au surplus, trop ignorant sur les phénomènes moléculaires qui constituent les combinaisons, et par suite, la cohésion dans les corps composés, pour pouvoir pénétrer plus avant dans cet examen. Il doit nous suffire, pour justifier les différences observées ci-devant, de montrer qu'il en existe de très-notables dans l'état chimique initial des éléments mis en présence. Ces variations de propriétés sont, à proprement parler,

(1) Cette main-d'œuvre, qui augmente notablement le prix de ces sortes de pouzzolanes, deviendrait exorbitante si l'on gâchait la chaux avec l'argile, à forte consistance de mortier. C'est à l'état de bouillie que le mélange s'opère; de là cette grande division et cette légèreté des pains ou mottes formées avec cette bouillie rapprochée par un commencement de dessiccation, et conséquemment aussi le défaut de densité de la pouzzolane qui en résulte.

l'histoire de tous les silicates formés par voie sèche. Les ciments (1), par exemple, jouissent de la propriété pouzzolanique (2); or, le degré de cuisson par lequel on les obtient, produirait l'inertie chez les argiles marneuses, qui n'en diffèrent cependant que par une moindre proportion de carbonate de chaux.

Nous n'avons établi encore aucune distinction entre les pouzzolanes artificielles faibles ou médiocres par nature, c'est-à-dire par l'impureté des argiles employées, et les pouzzolanes faibles ou médiocres par fabrication, c'est-à-dire par excès de cuisson. Les deux cas sont pourtant essentiellement différents : il y a dans les pouzzolanes médiocres par nature, des matières inertes aussi par nature, telles que le quartz ou sable, le peroxyde de fer et le carbonate de chaux, et qui le seront indéfiniment. Il n'y a dans les pouzzolanes médiocres par fabrication que du silicate d'alumine trop cohérent, il est vrai, trop avancé en combinaison par voie sèche pour pouvoir se prêter à une nouvelle et prompte combinaison avec la chaux par voie humide, mais susceptible de se modifier par l'effet du temps; ainsi, dans les gangues à pouzzolanes médiocres par nature, le progrès de la cohésion arrive irrévocablement à son terme après quelques mois; mais il peut bien ne pas en être de même pour les gangues dont les pouzzolanes ne pèchent que par un excès de cuisson ou de cohésion chimique. Quelques gangues de ce genre, dont nous avions désespéré d'abord, ont fini par durcir d'une manière assez satisfaisante; cette amélioration s'est, à dire vrai, fait attendre plus de deux ans.

---

(1) Il est peut-être utile de rappeler que le nom de *ciment* n'a plus l'ancienne acception. Il désigne *exclusivement* aujourd'hui toute poudre provenant d'un calcaire cuit, et tenant plus d'argile que les chaux éminemment hydrauliques et que les chaux limites.

(2) Les ciments maigres, c'est-à-dire peu chargés en chaux, s'allient fort bien avec 15 à 20 p. 100 de chaux vive réduite en pâte par l'extinction; ce sont donc des pouzzolanes; mais comme leur caractère distinctif est de renfermer tous les éléments d'une bonne solidification, et conséquemment de se suffire, ils jouent évidemment un double rôle, qui ne permet pas de les confondre avec les pouzzolanes proprement dites, et par suite, de considérer comme contradictoires, à l'égard de ces dernières, des phénomènes de cuisson étrangers à leur nature.

Nous n'avons emprunté nos pouzzolanes qu'aux argiles ou terres argileuses; nous mentionnerons cependant ici, et à l'appui des observations précédentes, une petite excursion faite sur le domaine des substances volcaniques, savoir : les conglomérats trachytiques du Cantal. Nous avons essayé par la cuisson normale et par la moyenne cuisson de brique, quelques-uns de ces débris provenant du tunnel de Lioran, et envoyés par M. Ruelle, ingénieur des ponts et chaussées, chargé du percement de ce col. Nous les avons trouvés composés moyennement, sur 100 parties, de 50,90 de silice, de 29,58 d'alumine avec un peu de fer, de 3,74 de chaux, de 2,78 de potasse et de soude, et enfin de 13,00 d'eau. Dans les deux cas de cuisson énoncés ci-dessus, l'acide hydrochlorique bouillant ne dissolvait que 10 pour 100 d'alumine, signe d'une assez forte cohésion chimique, dénotée d'ailleurs par l'extrême lenteur de la prise des gangues formées de ces mêmes matières et de chaux grasse. Or, voici la loi du progrès de la solidification desdites gangues pendant les deux premières années d'immersion.

Le temps étant successivement de 4 — 8 — 12 — 16 — 24 mois, les cohésions sont comme les nombres 15 — 26 — 37 — 42 — 57, et il est possible que la suite ajoute encore quelque chose au dernier résultat. Nous pourrions citer plusieurs autres exemples de cohésion tardive pour prouver, si cela était nécessaire, que le temps finit par triompher, dans certains cas, de l'inertie des pouzzolanes, dont les éléments sont liés trop fortement, soit par excès de cuisson, soit par d'autres causes.

Il nous reste à examiner pourquoi les chaux éminemment hydrauliques ne conviennent pas aux pouzzolanes de premier ordre. Cette proposition, qui semble un paradoxe au premier abord, est cependant très-rationnelle au point de vue chimique. Nous allons le démontrer.

La plus parfaite R de nos pouzzolanes artificielles tient en nombres entiers, 60 de silice pour 40 d'alumine. La plus parfaite de nos gangues pouzzolaniques tient 100 parties de pouzzolane pour 20 parties de chaux pure G. Représentons-la par R+G, nous aurons :

Gangue R+G = silice pouzzolanique 60 + alumine pouzzol. 40 + chaux 20 = 120 parties en poids.

Imaginons maintenant une chaux éminemment hydraulique H, tenant 70 parties de chaux caustique, 18 p. de silice et 12 p. d'alumine (ou 30 p. d'argile constituée en proportions comme celle de la pouzzolane R); cette chaux représentera ce qu'il y a de plus parfait en chaux hydraulique argilifère, puisque, au delà de la dose d'argile indiquée, on arrive aux chaux limites ou aux ciments. Or, il sera toujours possible de calculer combien il faudrait d'un telle chaux H, et d'une telle pouzzolane R, pour que la combinaison R + H contînt les éléments silice, alumine et chaux en même proportion que la combinaison R+G. On trouvera :

91,46 parties de pouzzolane R = silice pouzzol. 54,86 + alumine pouzzol. 36,60
28,54 parties de chaux H = silice gélatin. 5,14 + alumine gélatin. 3,40 + chaux 20

120,00 parties de gangue R+H = les 2 silices 60,00 + les 2 alumines 40,00 + chaux 20

Les gangues R + G et R+H ne diffèrent, comme on le voit, qu'en ce que la silice et l'alumine sont fournies exclusivement par la pouzzolane d'un côté, et en partie par la pouzzolane et la chaux hydraulique de l'autre. Or, cette dernière circonstance ne peut être une cause d'amélioration, car elle diminue la densité de la gangue.

Il est facile de voir sans calcul qu'en prenant plus ou moins de 28,54 parties de chaux H, on change les rapports 60, 40 et 20 pour tomber dans un excès ou dans un défaut de chaux caustique, *relativement à la quantité de pouzzolane prise pour terme de comparaison.*

Prenons pour deuxième exemple une chaux éminemment hydraulique siliceuse H', tenant 75 parties de chaux caustique et 25 parties de silice, il ne sera plus possible de se maintenir dans la composition de la gangue type R+G, principe par principe ; mais on pourra toujours mettre 100 parties de *silice* + *alumine* en présence de 20 p. de chaux caustique. On arrivera ainsi à :

93,33 parties de pouzzolane R = silice pouzzol. 56,00 + alumine pouzzol. 37,33
26,67 parties de chaux H' = silice gélatin. 6,67 + alumine gélatin. 00,00 + chaux caustique 20

120,00 parties de gangue R+H' = les 2 silices 62,67 + l'alumine 37,33 + chaux caustique 20

A cette combinaison, on gagne en silice ce que l'on perd en alumine ; mais, dans cet échange, 4 parties de silice pouzzolanique se trouvent remplacées par 6,67 parties de silice gélatineuse (1) ; et pour que la gangue R+H' se maintienne en cohésion à la hauteur du type R+G, il faut que l'excédant 2,67 de silice gélatineuse compense le défaut de densité du total 6,67.

Que cette compensation soit possible dans l'hypothèse actuelle, c'est ce que nous ne pouvons ni affirmer, ni nier ; toujours est-il qu'elle n'a eu lieu à l'égard d'aucune de nos pouzzolanes de premier ordre des pages 25 à 33 de nos expériences. On voit toutefois que s'il est un moyen de la réaliser, c'est par l'emploi d'une forte proportion de chaux éminemment siliceuse.

Donnons un dernier exemple en prenant une pouzzolane P des plus médiocres, dont les éléments soient respectivement en silice, alumine et matières inertes, comme les nombres 20, 10 et 70 pour 100 parties.

La gangue à chaux grasse étant :

P+G = silice pouzzolanique 20 + alum. pouzzol. 10 + mat. inert. 70 + chaux caustiq. 20 = 120 parties.

---

(1) Une chaux hydraulique ou silicate d'alumine et de chaux par voie sèche ne peut subir l'extinction qu'autant que la chaux caustique se sépare en tout ou en majeure partie de la combinaison. Il peut donc se faire que cette chaux, fraîchement éteinte, ne soit qu'un mélange de chaux hydratée et d'argile gélatineuse, ou de chaux hydratée et de silicate neutre d'alumine et de chaux. La première supposition nous autorise à qualifier de gélatineuse la silice et l'alumine fournies aux gangues pouzzolaniques par les chaux hydrauliques. Mais, dans tous les cas, ces deux principes se présentent dans un état de division bien plus avancé que lorsqu'ils font partie d'une pouzzolane.

la substitution de la chaux hydraulique H, dans les conditions posées ci-devant, donnera :

91,44 part. de pouzz. P = sil. pouzz. 18,20 + alum. pouzz. 9,40 + mat. inert. 63,70
28,56 part. de chaux H = sil. gélat. 6,14 + alum. gélat. 3,42 + 00,00 + chaux caustiq. 20

120,00 p. de gang. P+H = les 2 silic. 23,34 + les 2 alum. 12,62 + mat. inert. 63,70 + chaux caustiq. 20

A cette combinaison, on gagne évidemment en argile ce que l'on perd en matières inertes, et 2,70 parties d'argile pouzzolanique sont remplacées par 8,56 parties d'argile gélatineuse; donc, il y a plus que compensation. Un calcul analogue effectué, en supposant l'emploi d'une chaux hydraulique siliceuse H', conduirait à la même conclusion.

En rapprochant ces divers exemples, et en rapportant toujours, à une égale masse de gangue, les variations ou compensations observées dans les doses et densités des éléments constituants, on peut en saisir la loi, et l'énoncer à peu près comme il suit :

1° La combinaison d'une forte proportion de chaux hydraulique argileuse avec une pouzzolane de premier ordre, introduit dans la gangue une certaine quantité de silice et d'alumine gélatineuses, et en élimine, en même temps, une quantité à peu près égale de silice et d'alumine pouzzolaniques. Or, les éléments remplacés ayant plus de densité que les éléments remplaçants, l'avantage reste à l'emploi de la chaux grasse qui n'introduit ni n'élimine rien.

2° La combinaison d'une forte proportion de chaux hydraulique argileuse, avec une pouzzolane du dernier ordre, introduit dans la gangue plus de silice et d'alumine gélatineuses qu'elle n'élimine d'argile pouzzolanique, et l'excédant, ainsi obtenu, vient en remplacement d'autant de matières inertes; d'où il suit, que l'emploi de la chaux hydraulique argileuse doit avoir un avantage marqué sur l'emploi de la chaux grasse.

3° Quelle que soit la qualité de la pouzzolane, une forte proportion de chaux hydraulique, éminemment siliceuse, fait qu'une notable partie de l'argile pouzzolanique, et, s'il y a lieu, des matières inertes, est exclusivement remplacée dans la gangue par de la silice gélatineuse et avec un excédant proportionné au degré d'infériorité de la pouzzolane employée, d'où il suit que, à l'égard des pouzzolanes les plus médiocres, l'avantage des chaux siliceuses sur les chaux grasses est très-marqué, et qu'à l'égard des pouzzolanes d'un rang moyen, telles que la pouzzolane d'Italie, par exemple, cet avantage peut encore subsister, mais d'une manière moins tranchée.

Par ces explications, nous avons seulement voulu montrer la concordance qui existe entre les faits rapportés et figurés de la page 54 à la page 59, et certaines causes chimiques suffisantes, sinon pour donner l'exacte mesure de ces faits, du moins pour légitimer l'ordre dans lequel ils se présentent (1). Si l'on voulait pénétrer plus avant dans cet examen, il faudrait avoir en même temps égard aux volumes des diverses gangues pouzzolaniques comparés à leurs masses et à la nature particulière des matières inertes prédominantes dans lesdites gangues, et avec toutes ces données, peut-être n'arriverait-on pas à se rendre un compte mathématique de tous les phénomènes.

Des constructions auxquelles les gangues pouzzolaniques conviennent exclusivement.

Le grand retrait que prennent certaines substances pâteuses en se desséchant, est en raison de la finesse et de l'homogénéité de la pâte, ainsi que de la quantité d'eau introduite. Tel est le cas des argiles pures détrempées et de toute espèce de chaux éteinte par le procédé ordinaire. Il serait tout à fait impossible de lier convenablement les parties d'une maçonnerie exposée à l'air avec de telles substances. Or, les gangues composées de chaux et de pouzzolanes en

(1) Les rapprochements ou équations qui précèdent donnent, en effet, des proportions de chaux hydrauliques plus faibles que celles qui conviennent au maximum de cohésion des gangues.

poudre fine (1), qui deviennent de véritables combinaisons sous l'influence d'une humidité permanente, et qui ont alors une tendance très-marquée à se gonfler et à pousser. Ces gangues, disions-nous, restent au contraire à l'état de simples mélanges sous l'influence de la dessiccation atmosphérique, et se comportent quant au retrait à peu près comme les terres à brique; de plus, la chaux, dans les parties les plus accessibles à l'air, passe rapidement à l'état de carbonate et perd ainsi la faculté de pouvoir se combiner ultérieurement avec la pouzzolane, d'où il suit que toute gangue pouzzolanique doit, dans ces circonstances, rester éternellement médiocre, friable et sujette aux gelées, et tel est, en effet, le sort de la plupart des enduits et rejointoiements composés de chaux grasse et de brique pilée (2).

Ces résultats peuvent cependant se modifier sous certaines influences; ainsi, par exemple, des pluies de longue durée qui surviennent immédiatement après la confection d'une maçonnerie ou d'un enduit à chaux et pouzzolane, peuvent entretenir longtemps, dans l'atmosphère, une humidité qui favorisera la combinaison des principes, et améliorera, jusqu'à un certain point, la qualité du composé. Mais on conçoit à quelles éventualités cette amélioration est soumise, et combien le succès des gangues pouzzolaniques appliquées aux maçonneries exposées à l'air reste chanceux.

---

(1) La finesse d'une poudre pouzzolanique est une condition expresse de l'intimité de sa combinaison avec la chaux. Toutes les parties palpables, de la grosseur des sables ordinaires, sont perdues pour la combinaison; elles restent comme sable dans la gangue, et comme sable d'autant plus mauvais, qu'elles ont moins de dureté.

(2) On se fait souvent illusion sur les causes de certains résultats : que l'on prenne, par exemple, de la poudre grossière de tuileau ou d'argile quelconque *très-cuite*, qu'on la mêle avec une pâte de chaux hydraulique ou moyennement hydraulique, on aura une espèce de mortier hydraulique capable de durcir à l'air et de résister aux gelées. Mais l'erreur sera de croire qu'on a employé une pouzzolane et formé une véritable gangue pouzzolanique. Le succès sera dû à la qualité plus ou moins hydraulique de la chaux et à la dureté des grains sabuliformes de la prétendue pouzzolane employée. On se rappellera que les sables agissent comme des noyaux, autour desquels cristallise confusément le silicate d'alumine et de chaux, gangue de tout mortier hydraulique proprement dit.

A ces difficultés, il faut ajouter un retrait inévitable et une très-faible adhérence aux matériaux. Il est d'ailleurs évident que toutes les fois qu'une pouzzolane sera réduite à jouer le rôle d'une poudre inerte dans une gangue, elle prendra rang par cela même au-dessous du sable ordinaire, dont les grains ne laissent au moins rien à désirer sous le rapport de la dureté et de la densité.

Dans les expériences faites à Toulon sur des briques de chaux grasse et de pouzzolane d'Italie, exposées à l'air sur le couronnement d'un mur, M. Noël est arrivé à des résultats anomaux qui justifient parfaitement ce que nous venons de dire : ainsi, la cohésion desdites briques s'est quelquefois trouvée moindre après six mois, et même deux ans, qu'après quarante jours. Dans d'autres essais, il y a eu alternativement hausse et baisse à des intervalles de quelques mois ; ces variations ont paru correspondre à de longues alternatives de pluies et de sécheresse. Quoi qu'il en soit des causes, il est suffisamment reconnu que les gangues pouzzolaniques ne conviennent qu'aux maçonneries souterraines ou constamment immergées, ou tellement situées, que l'influence périodique d'un milieu sec ne puisse durer assez pour dépouiller les massifs de l'humidité qui les maintient contre toute tendance au retrait et à la pulvérulence.

Ces conclusions s'étendent, *à fortiori*, à l'emploi des pouzzolanes légères produites par la cuisson modérée des mélanges d'argile et de chaux éteinte ; nous ne connaissons rien de plus médiocre, de plus pulvérulent et de plus accessible à la gelée que les mortiers à chaux grasse, modifiés par l'addition d'une certaine quantité de ces sortes de pouzzolanes, et appliqués aux constructions ou maçonneries exposées à l'air.

DEUXIÈME SECTION.

EMPLOI DES BÉTONS EN EAU DE MER.

Préliminaires.

La question pratique de l'influence de l'eau de mer sur l'extinction de la chaux, et sur la qualité des mortiers et bétons à la confection desquels on l'emploie, a été controversée depuis longtemps, sans recevoir définitivement aucune solution précise : la question chimique n'a pas même été posée ; le sujet que nous abordons est donc entièrement neuf.

Bélidor dit : « Qu'autrefois (avant son époque), on ne voulait pas » se servir d'eau de mer pour la fabrication des mortiers, parce que » l'on croyait qu'étant salée, les mortiers ne durcissaient qu'avec » peine ; mais aujourd'hui (en 1720), l'on prétendait que c'était une » erreur. » Le même auteur ajoute « qu'il n'a par devers lui aucune » expérience qui lui permette de se prononcer (1). »

Le célèbre constructeur du phare d'Edystone, Smeaton, croit que

(1) Bélidor. *Science des ingénieurs*, chap. III, pag. 18.

si l'eau salée a quelque influence dans la composition des mortiers, « cette influence est plutôt avantageuse que nuisible (1). »

John, chimiste allemand dont nous avons parlé, fait observer que les murailles maçonnées avec de la chaux imprégnée d'hydrochlorates à base de soude, de magnésie, etc., sont sujettes à rester humides et à se couvrir d'efflorescences salines; il ajoute qu'elles rendent les habitations malsaines (2).

Les *Annales des ponts et chaussées* ne fournissent rien de plus concluant sur ce sujet. Dans une notice due à M. Néhou, cet ingénieur, à propos d'expériences sur une pouzzolane artificielle employée à Calais, déclare « qu'il n'a pu reconnaître bien exactement laquelle est préfé-» rable de l'eau douce ou de l'eau salée, mais que cependant la balance » lui a semblé pencher en faveur de cette dernière (3). »

Notre correspondance particulière nous fournit peu de documents: le directeur des travaux hydrauliques du port de Cherbourg, aujourd'hui inspecteur divisionnaire au corps royal des ponts et chaussées, M. Reibell, nous écrivait, il y a quelque temps, qu'il n'a reconnu à l'eau de mer, à Cherbourg, d'autre influence que de retarder la prise des mortiers à la fabrication desquels elle a servi.

Le directeur actuel des travaux hydrauliques du port de Toulon, M. Noël, nous a communiqué diverses observations, desquelles il résulte que l'extinction de la chaux avec l'eau salée diminue le foisonnement et rend la pâte grenue et courte. 1,000 kil. de chaux vive, par exemple, ne donnent par l'eau salée que $1^{\text{mèt. cub.}},77$ en pâte, tandis qu'on obtient $2^{\text{mèt. cub.}},38$ avec l'eau douce. La même eau salée employée à la fabrication ou gâchage des gangues pouzzolaniques a paru offrir de légers avantages sur l'eau douce.

---

(1) Construction du phare d'Edystone. *Extrait de la Bibliothèque britannique des sciences et arts de Londres*, t. Ier, pag. 89 et 611.

(2) *Pièce de concours sur la chaux et les mortiers*, couronnée par la Société hollandaise des sciences. Berlin, chez Dunker et Humblot. 1819.

(3) *Annales des ponts et chaussées*. Janvier et février 1835, pag. 109.

Dans toutes ces observations il n'est question, comme on le voit, ni de l'action chimique que l'eau de mer peut exercer sur la chaux et les autres éléments des bétons, ni de l'altération qui peut en résulter. Les constructeurs napolitains se sont bien aperçus de la formation d'une croûte saline sur la surface des bétons qu'ils emploient à la mer, croûte qu'ils enlèvent avec des râteaux de fer, comme étant un obstacle à la liaison des couches successivement immergées; mais ils n'ont cherché à en constater ni l'origine ni la nature. Le fait le plus précis que nous connaissions, et qui aurait pu suggérer, à l'ingénieur qui l'a énoncé, l'idée d'en étudier la cause, s'il y eût attaché quelque importance, se trouve sous forme de simple remarque dans un tableau d'expériences, page 109 du *Traité de chaufournerie* de M. Petot; nous y lisons effectivement : « Que sous l'eau de mer (il s'agit de » l'Océan) les bétons à pouzzolanes de gneiss torréfié, ont *à se bour-* » *soufler une tendance qui ne se manifeste plus sous l'eau douce.* » Cette remarque date de quatorze ans. Inaperçue jusqu'à ce jour, du moins pour ses conséquences, elle le serait encore, sans le concours fortuit de deux circonstances, qui ont mis, il y a trois ans, M. l'ingénieur en chef Noël en position d'en faire une semblable à Toulon, en essayant avec l'eau de mer une pouzzolane artificielle venue d'Afrique, et proposée au gouvernement pour la construction du môle d'Alger. M. Noël s'aperçut que les briques fabriquées avec cette pouzzolane et de la chaux grasse s'exfoliaient rapidement et progressivement de l'extérieur au centre. Tout surpris de ce résultat, il voulut bien nous en informer, et nous en demander la cause, en nous transmettant une certaine quantité des parties exfoliées, et en même temps les noyaux encore intacts dont elles s'étaient détachées.

Les belles expériences de Berthollet sur l'influence de la quantité d'une substance, comme capable de suppléer à son intensité; cette remarque capitale, savoir : que les bases qui passent pour former avec les acides les combinaisons les plus fortes et les plus stables en sont éliminées en partie par une base à laquelle on attribue une affinité plus faible, et aussi, que des acides peuvent être éliminés en partie de leur base par d'autres dont l'affinité est regardée comme inférieure; cette remarque, disions-nous, ne pouvait manquer d'éveiller notre attention sur la possibilité de phénomènes analogues entre les sels de l'eau de mer et les bases ou principes des gangues pouzzolaniques.

Notre premier soin a donc été d'examiner la composition des eaux de l'Océan dans la Manche, et de la Méditerranée sur les côtes de Provence. Ces eaux ont été étudiées par plusieurs chimistes; on peut consulter les Mémoires de John Murray et du docteur Marcel, pour prendre une idée des difficultés attachées à ce genre de recherches (1). Plus récemment, le 3 juin 1838, l'eau de la Manche, puisée à six milles du rivage, à marée montante, par un beau temps, a été analysée avec les soins les plus minutieux par M. Schweitzer. Elle a donné pour 1,000 grammes le résultat suivant, que l'on place en regard d'une analyse de l'eau de la Méditerranée par M. Laurent (2).

	Manche.	Méditerranée.
Chlorure de sodium.	27.05948	27,22
Idem de potassium.	0,76552	0,01
Idem de magnésium.	3,66658	6,14
Sulfate de magnésie.	2,29678	7,02
Idem de chaux.	1,40662	0,15
Carbonate de chaux.	0,03304	0,20
Brômure de magnésium.	0,02929	0,00
Total.	35,25628	40,74

On a reconnu en outre dans ces eaux la présence d'un peu d'acide carbonique libre et de légères traces de sel ammoniac et d'oxyde de fer.

On voit par ces analyses que l'eau de l'Océan dans la Manche contient neuf fois autant de sulfate de chaux que celle de la Méditerranée;

(1) *Annales de chimie et de physique*, t. 6, pag. 63 et suiv., et t. 12, pag. 295 et suiv.
(2) *Annales des mines*, t. XVII, pag. 588.

un peu moins du tiers en sulfate de magnésie, et un peu plus de moitié en chlorure de la même base.

Nous devons dire que, dans l'opinion de quelques chimistes, la vraie nature des sels réellement existants en dissolution dans l'eau de mer est problématique, à cause des décompositions qui peuvent s'effectuer par l'évaporation ou concentration à laquelle on soumet cette eau pour l'analyser. Ce qu'il y a de certain, c'est que l'eau de mer contient de la soude, de la potasse, de la magnésie et de la chaux comme bases, et comme acides, les acides sulfurique, hydrochlorique et carbonique. Ces divers principes peuvent se constituer à l'état de sels de telle ou de telle nature, en présence de tels ou tels corps, suivant la prépondérance des affinités auxquelles ce rapprochement donnera lieu.

Ces données sur la composition de l'eau de mer étant acceptées, l'explication du phénomène observé en dernier lieu par M. Noël, devait évidemment dépendre de l'analyse comparative des parties intactes et des parties brisées de la gangue pouzzolanique désagrégée; or voici les résultats obtenus :

	Parties brisées et détachées de la masse.	Parties centrales non encore attaquées.
Résidu insoluble dans l'acide hydrochlorique.	21,666	23,333
Silice dissoute.	4,000	4,000
Alumine et fer dissous.	15,333	0,333
Chaux.	19,333	34,333
Magnésie.	10,400	1,866
Acide carbonique.	15,274	13,650
Eau.	13,994	16,485
Totaux.	100,000	100,000

Il faut savoir maintenant que la pouzzolane artificielle employée (cotée A dans la première section) contient, indépendamment de 43 parties de carbonate de chaux, 6 pour o/o de chaux libre ou faiblement combinée avec l'argile; or, en considérant la quantité 15,274 d'acide carbonique trouvée par l'analyse des parties brisées, on remarquera que cet acide peut saturer 19,70 parties de chaux ; mais l'analyse en donne 19,535, nombre qui diffère peu du précédent, d'où il suit que les sels magnésiens de l'eau de mer ont échangé leurs bases, non-seulement contre toute la chaux ajoutée à la pouzzolane pour former la gangue, mais encore avec la chaux faisant naturellement partie de cette pouzzolane.

Mis ainsi sur la voie, nous avons cherché à connaître plus particulièrement l'action de chaque sel, et, pour y parvenir, nous avons préparé séparément des solutions d'hydrochlorates de magnésie et de soude, et de sulfates des mêmes bases, au même degré de concentration où elles se trouvent dans l'eau de mer, et voici ce que nous avons pu observer :

Le sulfate de magnésie est celui qui agit et détruit le plus rapidement les gangues pouzzolaniques fraîches soumises à son influence; en moins de trois heures, la magnésie précipitée couvre et masque déjà entièrement les surfaces en contact immédiat avec la dissolution.

Le sulfate de soude agit à la manière du sulfate de magnésie, mais avec beaucoup moins de promptitude, et surtout d'intensité.

L'hydrochlorate de magnésie, bien que décomposé aussi en partie par la chaux de la gangue, ne la brise point.

L'hydrochlorate de soude ou sel marin est sans action apparente; nous ignorons s'il accélère ou retarde la solidification.

Les deux principes ordinaires de toute pouzzolane, la silice et l'alumine, le principe accidentel inerte, le peroxyde de fer, exposés séparément sous forme gélatineuse à l'eau de la Méditerranée, sont sans action.

Il en est de même de leurs mélanges deux à deux ou de tous trois ensemble.

Mais dès que la chaux éteinte intervient dans l'un quelconque de ces mélanges, ou seulement avec l'une des trois substances sus-nommées, on remarque les faits suivants :

Les sulfates et hydrochlorates de magnésie sont décomposés,

Rapidement, pour le cas.	de chaux et alumine par parties égales. de chaux et de peroxyde de fer par parties égales. de chaux, alumine et peroxyde de fer par parties égales.
Moins rapidement et d'une manière limitée, pour le cas. . .	de chaux, silice et alumine, par parties égales. de chaux, silice, alumine et fer, par parties égales.
Insensiblement, pour le cas. . .	de chaux et silice, par parties égales.

On conçoit les modifications qui doivent résulter de la prépondérance plus ou moins grande de la silice dans les trois derniers cas; elle peut intervenir en telle proportion que l'eau de mer n'ait rigoureusement aucune influence. M. Noël, qui, de son côté, a fait quelques essais analogues, nous a montré à Toulon des briques exclusivement composées de chaux et de silice (employée à l'état gélatineux) parfaitement intactes, quoique soumises depuis cinq mois à l'eau de mer puisée dans la Darse, et plus concentrée que d'habitude, par suite de l'évaporation qui se fait journellement sur les baquets où lesdites briques sont placées.

Il paraît hors de doute, d'après tout ce qui précède, que les sulfates et hydrochlorates de magnésie de l'eau de mer, sont décomposés par la chaux hydratée disséminée et encore libre, ou très-faiblement combinée dans le tissu de certaines gangues pouzzolaniques immergées fraîches. Il se forme des hydrochlorates et sulfates de chaux. Le premier sel reste dissous dans le bain d'immersion, le dernier se loge dans la gangue, qu'il brise ou qu'il exfolie en cristallisant, aussi a-t-on vu ci-devant, que la seule dissolution d'hydrochlorate de magnésie, tout en empruntant de la chaux aux gangues, ne les détruit pas.

Action physique ou mécanique produite sur les gangues pouzzolaniques et les mortiers hydrauliques, en conséquence de l'action chimique de l'eau de mer.

L'eau de mer, placée dans un vase d'une capacité de quelques litres, enlève indistinctement de la chaux à toutes les petites masses de gangues pouzzolaniques qu'on y tient plongées, et cela quelle que soit la qualité de la pouzzolane employée. Mais la conséquence de cette soustraction de chaux n'est pas à beaucoup près la même dans tous les cas.

Pour observer convenablement ce qui se passe, il faut donner aux petites masses immergées une forme qui leur permette de résister au délayement spontané, qui a quelquefois lieu dans l'eau douce elle-même, par défaut de cohésion actuelle suffisante de la gangue fraîche. On y parvient en plaçant la matière gâchée, sur une plaque de verre ronde ou carrée, recouverte de papier humecté, et en lui donnant la forme d'un tronc de cône ou de pyramide plus ou moins bas. Il se forme en quelques minutes, ou un quart d'heure au plus, un précipité blanc, nuageux ou floconneux, qui se dépose sur la gangue. Après quelque temps, la matière précipitée se rapproche et forme une croûte saline très-mince, qui, plus tard, se gerce, se soulève et laisse voir par-dessous une masse tantôt fendillée ou soulevée par feuillets, tantôt seulement désunie comme elle le serait si l'on en eût retiré toute la chaux, tantôt enfin parfaitement intacte.

Ces accidents variés sont une conséquence de l'échange de bases qui a lieu. Le mal se borne quelquefois à la destruction de l'épiderme; cet effet minime est négligeable. On l'observe sur les gangues à pouzzolane d'Italie dans lesquelles il n'est pas entré plus de 20 parties pour 100 de chaux grasse.

Quelques gangues à pouzzolanes d'argiles réfractaires se brisent en une multitude de petits fragments individuellement assez durs, d'autres se délitent à la manière des schistes attaqués par la gelée, mais ce mode de décomposition ne se prononce alors que tardivement; il faut que la gangue ait acquis déjà un certain degré de cohésion pour s'y prêter. Dans quelques cas, la masse entière passe, ou immédiatement ou après avoir acquis une consistance assez forte, à l'état de bouillie, comme le fait une argile sèche que l'on met dans l'eau.

Les simples mortiers à chaux hydrauliques ordinaires et sables purs, soumis aux mêmes essais, abandonnent superficiellement de la chaux sans éprouver dans ces parties autre chose qu'un amaigrissement et une perte de cohésion proportionnelle à la quantité de chaux disparue. Si la chaux n'est que médiocrement hydraulique, l'action saline pénètre plus profondément; elle n'aurait évidemment pas de limites pour une chaux grasse, mais ce qui est très-remarquable, c'est que dans ce dernier cas même, le volume et la forme de la masse immergée ne changent pas, la cohésion devient nulle ou presque nulle, et voilà tout. Sous une mer agitée, les choses ne pourraient se passer ainsi, tout disparaîtrait.

Les chaux éminemment hydrauliques, à 19 ou 20 pour 100 d'argile, mais les chaux siliceuses surtout, forment avec le sable seul, des agrégats que l'action saline n'attaque en aucune manière; les surfaces se carbonatent d'ailleurs bien plus rapidement sous l'eau de mer que sous l'eau douce, ce qui s'explique par la plus grande quantité d'acide carbonique tenue en dissolution dans la première, et sous la croûte imperméable ainsi formée, la solidification marche sans obstacle vers son terme final.

Cette efficacité des chaux éminemment hydrauliques, et même des chaux hydrauliques ordinaires de 15 à 18 p. 100 d'argile, se manifeste généralement vis-à-vis des pouzzolanes provenant d'argiles quelconques, et pour tous les cas de cuisson possibles, à partir du terme normal jusqu'au point où l'argile devient tout à fait inerte, et, en effet, à ce point extrême, l'argile vaut hydrauliquement, au moins autant que le sable : donc, avec lesdites chaux, on n'aura pas à s'inquiéter beaucoup de la qualité des pouzzolanes; jamais cependant, on ne devra prendre un parti sans s'assurer du succès par quelques essais.

Quant aux chaux médiocrement hydrauliques, elles sont efficaces ou non, selon que la constitution chimique de la pouzzolane employée est ou non voisine de ce qu'elle doit être, pour qu'une chaux grasse lui suffise.

Les simples mortiers à chaux éminemment hydraulique, seraient donc préférables, en toutes circonstances, aux gangues pouzzolaniques, si le progrès de leur cohésion était aussi rapide que dans ces dernières. Or il est une foule de cas où cette condition n'est pas indispensable (1).

Manière dont l'eau de mer agit sur les petites masses de gangues pouzzolaniques à chaux grasse, immergées quelque temps après leur confection.

En laissant exposées à l'air sec les petites pièces d'essai que l'on vient de confectionner, elles arrivent après quelques jours au terme d'une dessiccation naturelle complète. Elles sont alors, à très-peu près, dans le cas des parties extérieures des blocs factices destinés aux jetées à la mer, au moment qui précède leur immersion. En plaçant d'autres petites pièces semblables pendant quelque temps, sous un sable maintenu frais sans être noyé, ou mieux dans des bocaux hermétiquement fermés, elles sont à très-peu près dans le cas des parties intérieures des massifs de béton immergés ou enfouis sous des terrains humides.

Dans le premier cas, l'action chimique de la chaux sur la pouzzolane employée est subitement interrompue. Cette chaux, restée libre, se carbonate dans tous les points de la masse accessibles à l'air ambiant.

Dans le second cas, le maintien du médium humide permet aux affinités d'agir et à la combinaison de se former.

Ces explications données, l'expérience prouve, sans exception, que

(1) Les écluses, quais et bassins intérieurs que la mer ne bat pas avec violence sont dans ce cas. Nous nous rendrions même garant du succès pour des travaux quelconques, sans exclure les moles en blocs artificiels, si l'on pouvait disposer d'une chaux hydraulique de la nature de celle du Theil dans l'Ardèche, ou de Sassenage, près de Grenoble, ou en composer d'équivalentes en combinant à la chaux des argiles éminemment silleceuses.

l'action saline perd de sa puissance à mesure que cette combinaison s'avance vers son terme final, et, sauf quelques cas à vérifier plus tard, il vient un moment où cette action est tout à fait contre-balancée par un certain degré de cohésion chimique acquis par la gangue pouzzolanique. L'expérience prouve aussi que, pour une même pouzzolane, on arrive en moins de temps à l'époque de la résistance stable par l'emploi d'une chaux moyennement hydraulique que par l'emploi d'une chaux grasse.

Quant à la dessiccation naturelle et rapide précédant l'immersion (nous disons rapide, parce qu'elle s'effectue avec succès en plein air et au soleil des mois de juillet et d'août), nous avons reconnu son efficacité absolue sur toutes les gangues à pouzzolanes convenablement cuites. Le vice de cuisson, qui peut paralyser cette efficacité, consiste, pour les les argiles exemptes de carbonate de chaux, à ne pas atteindre ce que nous avons appelé le *degré normal;* et, pour les argiles *marneuses*, à rester trop au-dessous du degré *suprà normal*. Il y aurait moins de danger à dépasser un peu ces limites qu'à ne pas en approcher assez. Mieux vaut certainement faire perdre quelque chose en qualité aux pouzzolanes, que d'exposer à une destruction certaine, les gangues ou bétons dans la composition desquels elles devraient entrer.

L'importance de ces observations exigeait que nos expériences fussent répétées dans un port de mer; à cet effet, nous nous sommes rendu à Toulon dans le courant de juillet 1843. M. Noël, directeur des travaux hydrauliques, a bien voulu mettre à notre disposition son atelier d'épreuves et ses ouvriers, et observer ultérieurement l'action de l'eau de mer sur les échantillons immergés sous ses yeux. Nous n'avons donc pas à craindre les illusions et anomalies qui peuvent se produire dans le laboratoire.

Nous allons actuellement passer, de ces généralités, aux faits particuliers à diverses variétés de pouzzolanes artificielles essayées avec de la chaux grasse. Il est bon de prévenir que lorsqu'il sera question, dans ce qui va suivre, de la prééminence d'une pouzzolane sur une autre, il ne faudra entendre par là que sa plus grande aptitude à résister à l'eau de mer, et non une supériorité intrinsèque, comme on l'entendait dans la première section. De même, lorsqu'il s'agira d'*immersion de gangues* ou de *gangues immergées*, il faudra ne pas oublier que c'est dans l'eau de mer et non dans l'eau douce que l'expérience s'effectue, et, quand il nous arrivera de dire que telle pouzzolane résiste ou ne résiste pas à l'eau de mer, on comprendra que la partie est prise pour le tout, et qu'il s'agit, non de la pouzzolane seule, mais évidemment de la pouzzolane alliée avec la chaux.

Examen des combinaisons de chaux grasse et de pouzzolanes produites par quelques argiles réfractaires blanches, pures ou seulement altérées par quelques centièmes de sable fin et quelques millièmes de peroxyde de fer.

Toutes les pouzzolanes normales provenant de ces argiles (désignées par les lettres R, R', R'', etc. dans la première section) employées avec 20 ou 15 pour 100 de chaux très-grasse, donnent des gangues, qui, immergées immédiatement et sans enveloppe, commencent à se fendiller le second jour et se brisent le dixième.

Quand, avant l'immersion, ces gangues, mises à l'abri de la dessiccation, selon ce qui a été dit ci-devant, ont pu acquérir, pendant dix jours seulement, un certain degré de cohésion chimique, elles n'éprouvent que des altérations superficielles insignifiantes; mais si le temps donné au progrès de la cohésion est de vingt jours, toutes les gangues dont il s'agit restent parfaitement et indéfiniment intactes. On arrive au même résultat par l'effet d'une dessiccation rapide et complète, opérée en plein air par un temps chaud, et, *à fortiori*, quand cette dessiccation se fait attendre plus longtemps par des causes quelconques.

Les mêmes argiles réfractaires qui donnent lieu à ces observations, étant soumises en fragments à divers degrés de cuisson, variables de 750 à 800° cent., et pendant un temps variable aussi de 10 à 25 minutes, dans la moufle d'un grand fourneau à coupelle chauffé au coke, produisent des pouzzolanes dont l'eau de mer attaque les gangues immergées fraîches aussi facilement que dans le cas de cuisson normale.

A 880° et 40 minutes de feu, la résistance se prolonge dans les mêmes circonstances, six à sept jours de plus.

Au delà du terme de la fusion de l'argent, à 1,200 et 1,500°, et pour une heure de feu, les gangues ne sont attaquées que superficiellement et non divisées en éclats, comme dans le cas de cuisson normale, et, toutefois, elles ne prennent qu'une très-faible cohésion, et c'est avec cette même cohésion qu'elles maintiennent leur forme et leur volume contre l'action saline, en progressant très-lentement vers une amélioration finale médiocre, pouvant s'élever au tiers ou au quart de ce que produit la cuisson normale chez les mêmes gangues immergées en eau douce (1).

L'action de l'acide hydrochlorique bouillant sur ces argiles diversement cuites, est représentée par 25 parties d'alumine dissoute à partir de 600 à 700°, et successivement par 21, 12, 8, 9 et 5 pour 100, en parcourant l'échelle jusqu'à 880°. A 1,200 ou 1,500° la dissolution hydrochlorique n'offre plus que quelques traces impondérables de matière attaquée. Pour compléter ces études, il fallait constater l'effet d'une cuisson soutenue pendant plusieurs heures sans dépasser 700 ou 750° cent.; le feu ordinaire d'un foyer de cheminée alimenté par le bois a très-bien rempli cet objet; des fragments d'argiles, préalablement desséchées sur un poêle à 100° cent., ont été ensuite logés dans l'intervalle des bûches enflammées, de manière à se maintenir au même degré d'incandescence pendant plusieurs heures. On s'est assuré directement que la température n'a jamais dans un tel foyer dépassé 750°, et

(1) Sous une mer agitée, de telles gangues seraient détruites par le choc des ondes avant d'atteindre une cohésion suffisante.

l'action de l'acide hydrochlorique sur la matière ainsi cuite, en accusant 17 pour 100 d'alumine dissoute, est venue justifier l'indication pyrométrique.

L'action saline, pour ce cas particulier de cuisson, s'est montrée assez variable. Nous avons vu des gangues se couvrir de fissures deux jours après l'immersion immédiate, et d'autres tenir bon jusqu'au vingt-sixième jour. Ces différences s'expliquent par la différence même de composition des argiles essayées; les unes en effet tenaient près de 60, les autres seulement 44 pour 100 de silice. Les unes étaient très-pures, les autres altérées par la présence d'une certaine quantité de sable impalpable.

Nonobstant ces variations, nous sommes autorisé à conclure qu'il n'existe aucun degré, aucun mode de cuisson, capable, tout en maintenant l'énergie et la qualité intrinsèque des argiles blanches réfractaires (constituées chimiquement comme elles l'étaient dans les expériences ci-dessus), de les disposer à former avec la chaux grasse des gangues, que l'immersion immédiate en eau de mer ne puisse absolument attaquer ni détruire.

Examen d'une pouzzolane artificielle produite par une argile blanche réfractaire R' non essayée dans la première section.

Cette argile contient après cuisson normale, savoir :

Silice.	63,00
Alumine et traces de fer.	37,00
Total.	100,00

Comme toutes les pouzzolanes de la même famille R, R', R'', etc. mentionnées ci-devant, elle ne résiste pas à l'immersion immédiate pour une proportion de chaux grasse de 15 à 20 pour 100. Mais à 10 pour 100, l'action saline ne se fait sentir qu'à une profondeur limitée.

Traitée par l'acide hydrochlorique bouillant, elle perd 21,50 pour 100 d'alumine, et le résidu se trouve conséquemment composé de :

Silice.	80,26
Alumine.	19,74
Total.	100,00

Lavé et desséché à la chaleur rouge sombre seulement, ce résidu produit une pouzzolane qui, avec 20 et même 26 pour 100 de chaux grasse, résiste fort bien à l'immersion immédiate.

La même pouzzolane normale primitive, traitée par l'acide sulfurique bouillant et en excès, perd 32,30 pour 100 d'alumine, et ce nouveau résidu ainsi obtenu, lavé et séché comme précédemment, constitue un troisième cas de pouzzolane, composée de :

Silice.	93,06
Alumine.	6,94
	100,00

La gangue qu'on en obtient avec moins de 20 pour 100 de chaux grasse, résiste à l'immersion immédiate, mais avec 26 pour 100 elle est attaquée et détruite.

Examen d'une pouzzolane artificielle R^v1 *non essayée dans la première section.*

L'argile dont elle provient nous a été envoyée de Toulon, où elle est vendue comme terre de pipe; elle est d'un blanc sale, et contient une notable quantité de soufre libre; sa composition donne, savoir :

Sable.	2,00
Silice.	46,92
Alumine et peu de fer.	38,58
Soufre.	5,30
Eau.	7,20
Total.	100,00

Après cuisson normale prolongée jusqu'à dégagement des dernières parties de soufre, elle constitue une pouzzolane contenant :

Sable.	2,30
Silice.	53,62
Alumine et peu de fer.	44,08
Total.	100,00

Les gangues qu'elle forme avec la chaux grasse sont rapidement détruites par l'immersion immédiate.

Examen de la pouzzolane artificielle produite par des pipes d'argile blanche pulvérisées.

Cette pouzzolane, très-peu énergique, à cause du fort degré de cuisson donné aux pipes que l'on trouve dans le commerce, s'est comportée absolument comme les argiles réfractaires cuites à 1,500° dans le fourneau à coupelle, c'est-à-dire, que la gangue produite par son mélange avec la chaux grasse, quoique très-lente à la prise, s'est maintenue sous l'immersion immédiate, sans pouvoir atteindre d'ailleurs une cohésion finale de plus du tiers ou du quart de celle qui répond à la cuisson normale.

Examen d'une pouzzolane artificielle N, *produite par une argile rougeâtre mêlée de sable, envoyée d'Afrique.*

Cette argile, débarrassée du plus gros sable, et soumise à cuisson normale, contient, savoir :

Sable palpable.	21,50
Silice.	40,50
Alumine.	21,50
Peroxyde de fer.	10,50
Carbonate de chaux.	6,00
Total.	100,00

Les gangues qu'elle produit avec le concours de la chaux grasse, ne résistent pas à l'immersion immédiate, mais elles se maintiennent quand l'immersion est précédée de la dessiccation, et surtout quand la cuisson a été poussée un peu au delà du degré normal.

Examen d'une pouzzolane artificielle, produite par la cuisson normale d'un mélange de 100 parties d'argile réfractaire R', et de 14 parties de peroxyde de fer en gelée.

La pouzzolane artificielle ainsi modifiée, se compose analytiquement ainsi qu'il suit :

Silice.	54,40
Alumine.	32,45
Peroxyde de fer.	13,15
Total.	100,00

La gangue qu'elle a produite avec 20 p. 100 de chaux, a été plus rapidement détruite par l'immersion immédiate, que si l'on eût employé l'argile R' sans fer.

Examen d'une pouzzolane artificielle produite par une ocre jaune Q, employée en peinture.

Cette ocre passe au brun rouge par la cuisson normale, en cet état elle contient, savoir :

Silice et très-peu de quartz.	49,00
Alumine.	2,00
Peroxyde de fer.	32,00
Chaux.	4,00
Principes volatils et solubles.	13,00
Total.	100,00

La pouzzolane ainsi obtenue, employée avec 20 et 10 p. 100 de chaux grasse, donne une gangue que l'immersion immédiate attaque et détruit en entier en 12 heures. Si l'on dépouille ce brun rouge de la presque totalité de son fer, en le traitant à chaud par l'eau régale, on obtient un résidu, qui, lavé et séché au rouge sombre, constitue une pouzzolane éminemment siliceuse, dont les gangues résistent à l'immersion immédiate, pourvu qu'on n'y introduise pas au delà de 20 p. 100 de chaux. A 26 p. 100 elles sont attaquées et détruites.

Examen de la pouzzolane artificielle produite par l'argile ocreuse cotée O dans la première section.

Cette argile, ainsi qu'on a pu le voir, contient, indépendamment de la silice et de l'alumine, 12,33 p. 100 de peroxyde de fer, et quelques millièmes de carbonate de chaux. Sa pouzzolane, avec 20 p. 100 de chaux grasse, résiste parfaitement à l'immersion immédiate, et, *à fortiori*, dans les autres circonstances moins défavorables.

Examen de la pouzzolane artificielle produite par l'argile ocreuse cotée O'' dans la première section.

Cette argile, qui tient 9,37 p. 100 de peroxyde de fer, se comporte absolument comme la précédente. Elle a la même origine géologique.

. . . .

Examen d'une pouzzolane artificielle produite par l'argile marneuse cotée A dans la première section.

. . . .

Cette argile, employée comme terre à brique à Alger, y a été essayée par M. Petzold, à divers degrés de cuisson, qu'on a cherché à apprécier par la variété des couleurs développées. On a rangé ces degrés dans l'ordre progressif ci-après, savoir : gris sale, gris bleuâtre, bleu légèrement violet, violet, rose ou plus exactement saumon cuit, et jaune paille.

La couleur saumon cuit est celle à laquelle on a donné la préférence, comme communiquant à l'argile le maximum d'énergie pouzzolanique; on a cru remarquer, en même temps, que cette énergie croissait à partir du gris sale jusqu'au gris bleuâtre inclusivement, pour redescendre et remonter ensuite au dernier maximum susdit (1).

Rien, dans le rapport dont nous extrayons ces détails, n'indique qu'on ait fait les expériences avec l'eau de mer; on n'a point cherché à s'assurer d'ailleurs, si l'ordre des couleurs a pu suffire pour régler exactement l'ordre de cuisson; bien que cette vérification indispensable n'offrît aucune difficulté, puisqu'il ne s'agissait que de doser la quantité d'acide carbonique restée dans chaque échantillon. Il nous sera donc permis d'élever des doutes sur l'existence des deux maxima d'énergie, et ces doutes seront tout à fait justifiés, lorsque nous dirons qu'entre la couleur *saumon cuit* et le *jaune paille*, il existe un gris sale que nous sommes maintes fois parvenu à produire en soumettant à nouvelle cuisson, au foyer d'une cheminée ordinaire, des fragments rouge saumon envoyés d'Alger même; à ce gris sale, la matière ne retient plus que 8 à 10 p. 100 d'acide carbonique, au lieu de 19 que donne la cuisson rouge saumon. Les phénomènes rentrent ainsi dans un ordre naturel conforme aux notions rationnelles acquises sur ce point; c'est-à-dire que le prétendu premier maximum fait suite au contraire sans minimum intermédiaire au maximum unique qu'on a cru être un second maximum.

Ces observations tirent leur importance de l'importance même qui a été attachée primitivement à la pouzzolane artificielle d'Alger, en tant que propre à remplacer avec économie la pouzzolane d'Italie

(1) *Annales des ponts et chaussées*, Mai et juin 1841, pag. 367 et suiv.

dans les travaux du môle. Mais, par une déplorable fatalité, il est justement arrivé qu'à ce degré de cuisson, caractérisé empiriquement par la couleur et représenté comme correspondant au maximum d'énergie pouzzolanique, la terre à brique dont il s'agit, est, de toutes les pouzzolanes artificielles que nous avons employées, celle qui est le moins propre aux travaux à la mer.

En effet, les gangues qu'elle forme avec la chaux grasse commencent à se briser sous l'action saline, savoir : au deuxième jour, après l'immersion immédiate; au sixième jour, après l'immersion précédée d'une dessiccation complète; et au dixième jour, après l'immersion précédée d'une solidification acquise par 20 jours de travail chimique; travail favorisé par le maintien de la gangue dans un bocal qu'elle remplit et qu'on tient hermétiquement bouché.

Les effets de l'immersion immédiate ont été surabondamment constatés à Toulon par M. Noël, ingénieur en chef, et à Calais, par M. l'ingénieur en chef Néhou.

La cuisson normale, appliquée à la terre à brique d'Alger, est tout aussi inefficace contre l'action saline que la cuisson rouge saumon pratiquée en grand; mais la cuisson *suprà-normale* opère au contraire une merveilleuse révolution. Elle donne à cette terre une couleur intermédiaire entre le rouge saumon cuit et le jaune paille correspondant à la moyenne cuisson de brique; quelquefois aussi elle lui communique la teinte gris sale dont nous avons déjà parlé. Mais ces indices n'ont rien d'assez précis et d'assez constant pour servir de guide; c'est par la quantité d'acide carbonique dégagé, ou, ce qui revient au même, par celle qui reste dans la matière cuite, que le praticien doit se diriger, et nous disons que, dans le cas spécial qui nous occupe, la cuisson *suprà-normale* doit expulser des $\frac{3}{5}$ aux $\frac{4}{5}$ de l'acide carbonique qui constitue la partie calcaire de l'argile marneuse; amenée à ce point, ou plutôt entre ces limites de cuisson, la terre à brique d'Alger produit une pouzzolane qui, par le concours de la chaux grasse en proportion de 10 à 15 p. 100, résiste parfaitement à l'immersion immédiate. La surface même des gangues ainsi immergées n'offre aucune trace d'altération, ce qui n'arrive pas toujours avec la pouzzolane d'Italie.

Examen d'une pouzzolane artificielle produite par la terre à brique cotée ∂ dans la première section.

Cette terre, ainsi qu'on a pu le voir, ne contient pas, en carbonate de chaux, tout à fait la moitié de ce que contient la marne d'Alger. Sa pouzzolane, à moyenne cuisson de brique, dans un four à poterie, ne résiste pas à l'immersion immédiate, mais elle se maintient quand la dessiccation complète précède l'immersion.

Pour des degrés de cuisson inférieurs, mais capables de décomposer presque complétement le carbonate de chaux de ladite terre, sans outre-passer 700 ou 750° cent., il y a amélioration. L'immersion immédiate ne donne lieu qu'à l'exfoliation superficielle des gangues.

Si le feu, au contraire, n'est pas soutenu assez longtemps pour attaquer le carbonate de chaux, ces mêmes gangues sont totalement réduites en bouillie dans la même circonstance.

Examen d'une pouzzolane artificielle produite par une argile blanche marneuse Y, non essayée dans la première section.

Le hasard nous a procuré une argile fine très-blanche, vendue dans le commerce comme terre de pipe, et tenant une notable quantité de carbonate de chaux. Après cuisson de trois heures au foyer de cheminée à 700 ou 750°, nous l'avons trouvée composée comme il suit :

Argile pure.	70,00
Carbonate de chaux.	20,00
Chaux combinée.	10,00
Total.	100,00

La gangue qu'elle a donnée avec 15 p. 100 de chaux grasse, a parfaitement résisté à l'immersion immédiate.

Examen d'une pouzzolane artificielle produite par l'argile réfractaire R^v mélangée avec 10 p. 100 de chaux et soumise à cuisson suprà-normale.

La pouzzolane, ainsi composée, est analytiquement représentée par :

Silice.	57,27
Alumine.	33,63
Chaux combinée.	9,10
Total.	100,00

Employée en proportion de 100 parties pour 20 de chaux, cette pouzzolane a très-bien résisté à l'immersion immédiate.

Examen d'une pouzzolane artificielle produite par l'argile réfractaire R^v, mélangée avec 5 p. 100 de potasse caustique et soumise à cuisson suprà-normale.

La pouzzolane, ainsi modifiée, est analytiquement représentée par :

Silice.	60,00
Alumine.	35,24
Potasse combinée.	4,76
Total.	100,00

Employée en proportion de 100 parties pour 20 de chaux, cette pouzzolane résiste très-bien à l'immersion immédiate.

Examen d'une pouzzolane artificielle produite par l'argile marneuse U, des environs de Calais.

M. l'ingénieur en chef Néhou a eu l'obligeance de nous envoyer quelques kilogrammes de la pouzzolane artificielle dont il a, depuis plusieurs années, introduit l'usage dans les travaux hydrauliques qu'il dirige ; il y a joint une dizaine de litres d'eau de mer puisée dans la Manche, ce qui nous a permis de soumettre cette pouzzolane à la double épreuve de l'eau de la Méditerranée et de celle de l'Océan.

Nous devons dire que cette épreuve a été des plus satisfaisantes ; la pouzzolane calaisienne s'est montrée, sous le rapport de sa résistance à l'action saline, très-supérieure à la pouzzolane d'Italie ; c'est-à-dire que la gangue dont elle est la base, immergée immédiatement, a tenu bon dans l'eau de la Méditerranée artificiellement surchargée d'une certaine quantité de sulfate de magnésie, en même temps qu'une gangue à pouzzolane d'Italie s'y réduisait en miettes.

La pouzzolane calaisienne ne faisant pas partie des pouzzolanes artificielles étudiées dans la première section, nous en donnons ici l'analyse.

Telle que nous l'avons reçue, elle contient :		L'argile dont elle provient doit donc contenir, privée d'eau :	
Quartz	12,00	Quartz	12,20
Silice	30,00	Silice	30,51
Alumine	9,00	Alumine	9,15
Peroxyde de fer	10,00	Peroxyde de fer	10,16
Carbonate de chaux	22,90	Carbonate de chaux	37,98
Chaux combinée	8,10	Chaux combinée	» »
Eau	8,00	Eau	» »
Total	100,00	Total	100,00

L'eau qui fait partie de l'analyse ci-dessus, est due à l'air humide dont la pouzzolane s'est imprégnée pendant son séjour en magasin. Sans cette circonstance, qui ne permet pas d'apprécier la portion d'acide carbonique introduit avec l'air humide, on pourrait dire que la cuisson a dépassé le degré normal, et s'est arrêtée avant la limite du degré suprà-normal.

Ayant reçu, en même temps que la pouzzolane calaisienne, l'argile marneuse qui sert à la fabriquer, nous avons pu soumettre cette argile aux divers cas de cuisson ci-après, savoir :

1° Cuisson normale ordinaire à une température de 650°, n'expulsant qu'une très-petite quantité d'acide carbonique. La poudre ainsi cuite a pris la même teinte rousse que celle de la pouzzolane cuite à Calais;

2° Cuisson en poudre dans la moufle d'un grand fourneau à coupelle chauffé au coke; durée de 20′ à une température de 800°. La poudre ainsi cuite a pris une couleur roux doré; elle retenait encore 13 p. 100 d'acide carbonique;

3° Cuisson en fragments dans la même moufle; durée de 30′ à une température de 836°, la matière a pris une teinte jaune pâle terreux, et ne retenait plus que 6 p. 100 d'acide carbonique. Le premier cas de cuisson a laissé quelque chose à désirer : les gangues correspondantes ont subi de légères altérations en eau de la Méditerranée, mais le mal n'a fait ensuite aucun progrès; les mêmes gangues sont restées intactes en eau de l'Océan.

Les deuxième et troisième cas ont donné les mêmes résultats que la cuisson pratiquée à Calais, c'est-à-dire que l'eau de la Méditerranée et *à fortiori* celle de l'Océan n'ont eu aucune prise sur les gangues correspondantes immédiatement immergées.

Déductions théoriques et pratiques conclues des expériences précédentes.

Nous venons de passer en revue une série de pouzzolanes artificielles produites par diverses argiles, les unes réfractaires, les autres ocreuses ou marneuses, et conséquemment plus ou moins fusibles, et toutes variables par les proportions de leurs principes essentiels et des matières inertes intervenues accidentellement ou artificiellement. Il nous reste à chercher la loi des phénomènes observés.

Une des premières questions qui se présentent, c'est de savoir si les gangues pozzolaniques immédiatement immergées en eau douce, se solidifient en empruntant ou sans emprunter de l'eau au bain d'immersion. L'expérience a répondu négativement pour la plupart des cas. Quelques gangues ont accusé une augmentation de poids de 6 à 10 millièmes; d'autres ont perdu 3 ou 4 millièmes, mais seulement par la soustraction superficielle d'une petite quantité de chaux. De plus, aucun rapport constant n'a pu être observé entre les petites quantités de liquide absorbé et la manière dont les gangues résistent à l'action saline. Il y aurait plutôt à conclure en faveur de l'absorption qu'en sens inverse, si cette faculté devait mesurer la résistance dont il s'agit.

De là il résulte, que ce n'est pas parce qu'une gangue immergée fraîche attire dans son tissu, en vertu d'une faculté qui lui serait propre, plus ou moins de liquide salé, qu'elle est plus ou moins attaquée par les sels introduits, mais bien parce qu'il est dans sa nature de résister moins ou plus à l'effort par lequel ces sels tendent à lui enlever de la chaux pour la substituer à leurs propres bases.

Une autre question se présente en même temps, relativement à l'effet de la dessiccation préalable des gangues avant leur immersion, savoir : s'il est possible que dans le court intervalle de temps qu'exige cette dessiccation préservatrice de l'action saline, il y ait un commencement de combinaison entre la pouzzolane et la chaux. L'expérience répond négativement si, pour constater cette combinaison commencée, l'acide hydrochlorique bouillant doit en attaquer la silice (1), comme cela a lieu quand on agit sur des gangues pouzzolaniques âgées de plusieurs mois. L'effet préservatif de cette dessiccation peut

(1) L'acide hydrochlorique enlève de l'alumine aux argiles sans en attaquer la silice, et l'on ne saurait en conclure que les argiles ne sont pas des hydrosilicates d'alumine.

tenir d'ailleurs à une plus grande cohésion acquise par la chaux, cohésion qui en rend la dissolution plus difficile. On sait depuis longtemps que l'hydrate de chaux, rapproché par dessiccation, ne se détrempe plus, mais qu'il se dissout très-lentement de proche en proche par toutes ses faces non carbonatées.

On aurait tort de penser, que les gangues pouzzolaniques une fois desséchées ne s'imbibent ensuite que très-faiblement, quand on les immerge ; une gangue de ce genre pesant fraîche 56gr.,80, perdit, après deux jours, 14gr.,50, et se réduisit ainsi à un poids de 42gr.,11. Immergée en eau douce, elle reprit en demi-heure 9gr.,16, et après un mois, 10gr.,32 d'eau. Ainsi, la dessiccation préalable dispose une gangue à admettre instantanément dans son tissu, par une immersion en eau de mer, une quantité de sels bien plus considérable que si on l'y eût plongée à l'état frais et pâteux. Donc, sa résistance à l'action de ses sels, ne peut être attribuée à un défaut d'imbibition.

Revenons au cas d'immersion immédiate, et puisque dans ce cas, la résistance des gangues ne peut s'expliquer que par la stabilité chimique particulière du silicate double qui se forme immédiatement, il convient de rechercher à quelles conditions cette stabilité s'obtient, et, pour y parvenir, nous devons examiner trois choses, savoir : 1° la composition des silicates alumineux pouzzolaniques ; 2° celle des gangues pouzzolaniques elles-mêmes ou silicates doubles d'alumine et de chaux ; 3° et enfin, l'influence chimique du degré de cuisson appliqué aux pouzzolanes.

Le tableau suivant va servir à résoudre la première de ces questions.

DÉSIGNATION DES POUZZOLANES ET DU DEGRÉ DE CUISSON QU'ELLES ONT SUBI.	RAPPORT de la quantité alumine à la quantité argile prise pour unité dans chaque pouzzolane.	MANIÈRE dont l'eau de mer agit sur les gangues immergées fraîches.
Pouzzolane normale produite par l'argile réfractaire R	0,40	Aucune des gangues comprises dans cette première case ne résiste à l'immersion immédiate pour des proportions de chaux de 15 à 20 pour 100 de pouzzolane. A 10 pour 100, l'action saline ne se fait sentir qu'à une profondeur limitée.
Idem . . . . par R'	0,34	
Idem . . . . par R''	0,49	
Idem . . . . par R'''	0,39	
Idem . . . . par R^{iv}	0,46	
Idem . . . . par R^{v}	0,37	
Pouzzolane R^{v} mélangée d'oxyde de fer avant cuisson normale.	0,37	
Pouzzolane normale produite par l'argile ocreuse N	0,35	
Idem par l'argile marneuse. . . . . J	0,33	
Idem par l'argile marneuse. . . . . A	0,29	
Pouzzolane normale produite par l'argile ocreuse O	0,24	Toutes les gangues comprises dans cette seconde case résistent à l'immersion immédiate pour des proportions de chaux de 15 à 25 pour 100 de pouzzolane; elles résisteraient *à fortiori* avec moins de 15 pour 100.
Idem par l'argile ocreuse. . . . . O'	0,19	
Idem par l'argile marneuse. . . . . U	0,23	
Pouzzolane normale R^{v} dépouillée d'une partie de son alumine par l'acide hydrosulfurique. .	0,19	
Pouzzolane d'Italie. . . . . P	0,23	
Pouzzolane normale R^{v} dépouillée de la plus grande partie de son alumine par l'acide sulfurique. R_{v}	0,07	Les deux gangues R^{v} et Q', à pouzzolanes éminemment siliceuses, sont violemment détruites pour une proportion de chaux de 25 pour 100 de pouzzolane, et légèrement attaquées pour une proportion de 20 pour 100. L. gangue à pouzzolane ocreuse avec peu d'alumine est détruite pour toute proportion de chaux à partir de 10 pour 100 de pouzzolane, inclusivement.
Pouzzolane normale produite par une ocre jaune Q	0,04	
Pouzzolane Q dépouillée de son fer par l'eau régale. . . . . Q'	0,04	

La première case du tableau précédent offre l'exemple de pouzzolanes normales produites indifféremment par des argiles pures, ocreuses ou marneuses, et dont aucune ne résiste à l'immersion immédiate.

La deuxième case offre l'exemple de pouzzolanes normales produites comme les précédentes par des argiles pures, ocreuses ou marneuses, et toutes résistant à l'immersion immédiate.

Donc, pour le cas de cuisson normale, ce n'est point à l'absence ou à la présence du peroxide de fer ou du carbonate de chaux, ou du quartz divisé qu'il faut attribuer les différences observées relativement à l'action saline; mais bien évidemment à l'unique constitution chimique des silicates alumineux pouzzolaniques, qui, avec la chaux, sont les uniques agents de la combinaison dans les gangues; et l'on voit que, pour résister à cette action saline dans le cas de simple cuisson normale, il faut que l'alumine de chaque pouzzolane ne dépasse pas les $\frac{21}{100}$ de l'argile proprement dite. La limite inférieure ne nous est pas connue. Nous présumons qu'elle ne doit guère s'écarter de $\frac{18}{100}$, puisqu'à $\frac{7}{100}$ déjà l'action saline commence à se faire sentir.

La composition atomique des argiles, dont les pouzzolanes résistent à l'immersion immédiate, correspond donc moyennement à la formule $AS^4 + Aq$ (1) qui donne :

Silice.	0,702 ...	0,783
Alumine.	0,496 ...	0,217
Eau.	0,103	

La troisième et dernière case du tableau offre l'exemple de deux pouzzolanes presque exclusivement siliceuses, et d'une pouzzolane où la

---

(1) Les lettres sont les initiales des noms des substances, et leurs exposants expriment le nombre d'atomes que chacun apporte à la combinaison. L'atome de silice se compose de : 1 atom. silicium pesant 277,478 + 3 atom. oxyg. pesant 300 = 577,478. L'atome d'alumine : de 2 atom. aluminium pesant 342,334 + 3 at. oxyg. pesant 300 = 642,334. L'atome de chaux : de 1 atom. calcium pesant 256,019 + 1 at. oxyg. pesant 100 = 356,019. Ces totaux ne sont que des poids relatifs, l'oxygène étant pris pour 100 ou pour unité.

silice n'est mélangée qu'avec du peroxyde de fer. Les deux premières résistent difficilement à l'action saline, la dernière est détruite avec une rapidité remarquable. Il suit de là que le fer est excessivement nuisible, et que le défaut absolu d'alumine l'est jusqu'à un certain point. Cette infériorité des pouzzolanes sans alumine s'est manifestée pour le cas d'emploi en eau douce (page 26 de la première section).

La deuxième chose à examiner, c'est la constitution des gangues pouzzolaniques elles-mêmes. D'après nos expériences, aucune d'elles ne résiste à l'action saline pour de fortes proportions de chaux, c'est-à-dire pour plus de 20 ou de 25 parties pour 100 de pouzzolane selon le cas. Dans les expériences communiquées par M. Noël il y a eu stabilité quand il n'est pas entré plus d'un volume de chaux en pâte pour deux volumes de pouzzolane d'Italie; mais avec un volume et demi les gangues ont été détruites presque en entier après deux ans d'immersion. Or, ces proportions de chaux répondent en poids à 18,66 et 28,00 parties vives. Il y a donc accord complet entre les expériences de Toulon et les nôtres, et il importe, comme on le voit, de ne jamais dépasser, en chaux caustique, le cinquième du poids de la pouzzolane employée. On peut même se tenir beaucoup au-dessous de ce chiffre pour les pouzzolanes dont le carbonate de chaux a été décomposé par la cuisson supra-normale.

Mais quand, à raison de l'insuffisance d'une pouzzolane, on se verra forcé d'intervenir avec une chaux hydraulique, il conviendra d'en régler la dose selon ce qui a été dit pour le cas d'immersion en eau douce (pages 58 et suiv.).

Nous sommes parvenus à atténuer considérablement l'action saline sur les gangues à pouzzolanes normales R, R', etc., immédiatement immergées, en n'y introduisant que 10 pour o/o de chaux; mais ce qui réussit dans un laboratoire peut ne pas être praticable en grand; une gangue trop maigre se délave facilement, et pourrait s'amaigrir encore dans l'acte de l'immersion.

Entre 10 et 20 parties de chaux caustique pour 100 de pouzzolane, il y aura un juste milieu à choisir : la formule $A^2S^6C^3$ représente assez exactement la composition atomique du silicate double d'alumine et de chaux (l'eau non comprise) qui convient à l'eau de mer; elle répond aux trois nombres proportionnels 278, 1000 et 251, qui donnent 100 : 18,07 pour le rapport de l'argile pouzzolanique à la chaux.

Nous arrivons à la question de cuisson. Au terme normal, d'après ce qu'on a vu, toutes les argiles, pures ou non, mais dans lesquelles l'alumine forme des $\frac{15}{100}$ aux $\frac{21}{100}$ de la partie argile (1), résistent à l'immersion immédiate. Le même but est atteint par la cuisson suprà-normale appliquée : 1° à toutes les argiles marneuses tenant de 25 à 50 p. o/o de carbonate de chaux, et cela, en quelque proportion que l'alumine y soit, par rapport à la silice (2); 2° à toutes les argiles non marneuses auxquelles on ajoute artificiellement au moins, 10 pour o/o de chaux ou 5 pour o/o de potasse caustique. Mais ni la cuisson normale, ni la cuisson suprà-normale ne peuvent produire le même effet sur les argiles pures ou seulement altérées par le quartz et le peroxyde de fer quand l'alumine y forme plus des $\frac{21}{100}$ de la partie argile.

Pour des degrés de cuisson supérieurs au degré suprà-normal, appliqués à ces mêmes argiles, nous avons vu leurs gangues résister un peu mieux à l'action saline, mais aux dépens de leur cohésion intime, et, à ce point, que sous une mer agitée et clapoteuse, elles ne pourraient probablement pas subsister.

Pour concevoir l'effet préservatif de la cuisson suprà-normale appliquée aux argiles marneuses, ou artificiellement rendues telles; il faut se rappeler, que les gangues composées de chaux grasse et de silice hydratée provenant d'une silice gélatineuse, résistent sans exception

---

(1) Nous rappelons encore que dans une terre argileuse il n'y a de véritablement argile que ce qui n'est ni oxyde de fer, ni quartz, ni carbonate de chaux, etc.

(2) Nous sous-entendons que, dans aucun cas, l'alumine ne peut se trouver en proportion sensiblement plus forte que la silice. Ce cas, s'il se réalisait comme dans l'allophane, par exemple, serait une exception.

à l'action saline, et nous venons de voir (tableau 103, page *id.*) que la silice pouzzolanique n'atteint pas, à beaucoup près, le même but dans les gangues où elle entre exclusivement. De là il faut conclure, que l'état hydraté ou gélatineux de la silice, donne immédiatement, au silicate de chaux, le degré de stabilité voulu, tandis que l'état pouzzolanique s'y refuse pendant un certain temps qui laisse toute liberté d'action aux sels de l'eau de mer. Cela posé, il est évident que toutes les fois qu'une cuisson modérée dans son intensité et sa durée, aura déterminé dans une argile marneuse la formation d'un silicate de chaux avec excès de silice, et chimiquement peu cohérent, une nouvelle quantité de chaux introduite par voie humide, y trouvera à s'unir à l'excès de silice attaquée, en la saisissant au plus haut degré de division possible; condition qui suffit à la stabilité immédiatement exigée (1). Cette explication a été justifiée par la synthèse (page 98), puisqu'il a suffi de combiner par voie sèche une argile pure réfractaire avec un dixième de son poids de chaux, pour la rendre capable de résister à l'eau de mer, d'incapable qu'elle était auparavant. *On parvient donc au même but par deux voies différentes, savoir : En prenant des argiles qui satisfassent approximativement par leurs proportions à la formule* AS^4, *ou des marnes contenant assez de carbonate de chaux, pour que la cuisson supra-normale puisse en combiner au moins dix parties avec l'argile qu'elles renferment représentée par cent.*

Il est évident que, lorsque cette action d'un fondant vient s'ajouter à l'effet des proportions spéciales AS^4, elle doit porter au maximum la résistance pouzzolanique. C'est ce qui a lieu naturellement dans la pouzzolane d'Italie, et ce que l'art a pu réaliser sans peine à Calais, avec la pouzzolane marneuse cotée U. Dans l'un et l'autre cas, les silicates alumineux se trouvent effectivement dans les con-

(1) C'est par la même raison que les simples mortiers à chaux *éminemment* hydrauliques résistent à l'immersion immédiate.

ditions voulues, et en présence de fondants utilisés par l'action du feu dans les limites pyrométriques prescrites.

Il a été prouvé ci-devant, par plusieurs exemples, que non-seulement le peroxyde de fer n'est dans aucun cas un auxiliaire, mais qu'au contraire, sa présence est très-nuisible, même en eau douce. Cependant nos devanciers l'ont constamment préconisé. Il est difficile de croire qu'une telle erreur vienne uniquement d'un défaut d'expérimentation. On pourrait l'expliquer, si la constitution argileuse représentée par AS^4, se rencontrait plus fréquemment qu'ailleurs dans certaines formations où le fer intervient habituellement (comme, par exemple, dans les dépôts arénacés tertiaires, dont la gangue est généralement une argile rougeâtre ferrugineuse), et si, en outre, pour les travaux à la mer, de semblables argiles s'étaient plus souvent présentées que d'autres sous la main des constructeurs; on comprendrait alors comment ils ont été conduits à attribuer à la présence du fer, ce qui effectivement n'est dû qu'à la constitution particulière de l'argile qui le recèle.

Pour compléter l'hypothèse, il faudrait admettre en même temps que l'action saline a pu, aux époques susdites, révéler l'inconvénient d'un défaut de cuisson; et comme, en pareille matière, il y a toujours tendance à exagérer, on aurait une explication assez plausible de l'origine et de la cause de cette prédilection des anciens, pour le *tuileau et les argiles rouges bien cuits* : prédilection justifiée en apparence, par la ressemblance physique de ces matières à la pouzzolane rouge lie de vin de l'Italie.

En communiquant à l'Académie des sciences nos premières observations sur les effets que l'eau de mer produit dans les gangues pouzzolaniques, nous disions que tels blocs de béton, capables de résister à l'eau de l'Océan, pourraient être détruits en peu de temps par l'eau de la Méditerranée. Nous pensions alors, d'après la différence chimique des deux eaux, mais surtout d'après le témoignage de plusieurs ingénieurs des ports de la Manche, sur l'intégrité de leurs bétonnements, qu'en effet un événement semblable serait possible ; mais nos derniers essais avec l'eau de l'Océan, et les expériences qu'à notre prière M. l'ingénieur en chef Néhou a bien voulu faire à Calais, sur la pouzzolane d'Alger cotée A, ont modifié nos idées sur ce point (1). Nous sommes certains maintenant que, quoique moins chargées en sulfate de magnésie, les eaux de l'Océan sur les côtes de la Manche, agissent à très-peu près comme celles de la Méditerranée (2), et si, jusqu'à ce jour, cette action ne s'est révélée par aucun fait capital, c'est que d'une part le mode d'emploi des bétons ne s'y est pas prêté, et que de l'autre, un heureux hasard a mis sous la main des ingénieurs des matières naturellement constituées pour résister (3).

La transformation d'une partie de la chaux des bétons en gypse, crée nécessairement au sein des massifs immergés par parties, des solutions de continuité dirigées en divers sens, selon le mode d'immersion adopté ; inconvénient peu grave quand ces massifs n'ont que des fardeaux ou leur propre poids à supporter, mais évidemment plus redoutable quand ils sont soumis à des efforts tendant à les disjoindre d'une autre manière. Si l'on pouvait conduire l'immersion avec assez de célérité, pour ne laisser à l'action saline qu'un temps très-court dans le passage d'une couche à la suivante, cette action n'aurait alors à s'exercer sérieusement que sur la dernière, qui, à l'égal d'un bouclier, soutiendrait l'attaque, pendant que le dessous atteindrait le degré de stabilité, passé lequel on n'a plus rien à craindre. Il y a certainement quelque chose à faire sous ce rapport.

---

(1) Postérieurement à la rédaction de ce chapitre, M. l'ingénieur en chef Garnier, chargé de la direction des travaux du fort Boyard, nous a fait part de quelques observations qui viennent à l'appui.

(2) De toutes les mers intérieures, la Méditerranée est la seule qui soit plus salée que l'Océan. Mais sa prédominance en sulfate de magnésie n'est pas une raison pour que ses eaux soient beaucoup plus actives que celles de l'Océan, si l'affinité de la chaux pour l'acide sulfurique suffit à décomposer ce sulfate, indépendamment de son étendue dans la dissolution.

(3) Il n'en est malheureusement pas tout à fait ainsi : la rédaction de ce chapitre était terminée lorsque M. Garnier, cité dans une des notes précédentes, nous a communiqué ses observations sur la détérioration de quelques parties de ses bétonnements, et sa crainte sur leur durée.

L'espèce d'engourdissement dans lequel les bétons nouvellement immergés, paraissent plongés en hiver, en d'autres termes, la lenteur des progrès de la cohésion, à cette époque de l'année, semble devoir favoriser l'action saline, si cette action elle-même, n'est pas proportionnellement affaiblie dans les basses températures. Pour décider cette question, nous avons immergé simultanément dans de l'eau de l'Océan et de la Méditerranée, maintenues l'une et l'autre à 8° et 22° c, des gangues précédemment reconnues destructibles. Or, à 8° et dans les deux cas, ces gangues se sont, après quelques jours, entièrement brisées; mais à 22° l'altération s'est bornée à quelques fissures qui n'ont fait ensuite aucun progrès. D'après cela, l'époque des grandes chaleurs serait très-favorable aux bétonnements à la mer, et, jusqu'à un certain point, capable de modérer l'action saline en hâtant le jeu des affinités dans les gangues.

En terminant ce chapitre, nous ferons remarquer que pour l'eau de mer, comme pour l'eau douce, l'avantage des gangues à pouzzolanes de première qualité sur les bons mortiers hydrauliques devient, quant à la cohésion finale, illusoire, dès que, par des raisons d'économie, on est forcé d'y introduire moitié sable ou plus. Des convenances particulières telles que l'abondance des argiles d'une part, et la pénurie des calcaires à chaux éminemment hydrauliques de l'autre, peuvent bien motiver une préférence en faveur des pouzzolanes, mais on n'est plus admis à invoquer la qualité intrinsèque des gangues comme motif du choix.

Nos expériences sur les gangues pouzzolaniques en eau de mer, n'ont pas été suivies avec l'assiduité nécessaire pour permettre de tracer mois par mois le progrès de leur cohésion, ainsi que nous l'avons fait pour l'eau douce; mais elles ont suffi de reste, pour établir que l'ordre de supériorité reste le même, c'est-à-dire que les meilleures pouzzolanes pour l'eau douce, si elles ne sont pas constituées pour résister à l'immersion immédiate en eau salée, y maintiennent cependant leur supériorité, quand on élude, par un moyen quelconque, le premier effet de cette immersion (1). Les argiles réfractaires R, R', etc., en sont un remarquable exemple.

Les essais de Toulon, par M. Noël, sur le dosage des gangues à chaux hydrauliques et éminemment hydrauliques et pouzzolane d'Italie, ont prouvé d'ailleurs que ce que nous avons prescrit à ce sujet pour l'eau douce (pag. 73 et suiv.), s'applique aussi à l'eau de mer, c'est-à-dire que pour produire le maximum de cohésion dans ces gangues, il faut y introduire les chaux hydrauliques en fortes proportions, à condition, toutefois, que ces chaux soient hydrauliques à un degré répondant au moins à 15 pour o/o d'argile (dans le carbonate); au-dessous de ce chiffre, il faudra rester dans les limites de dosage prescrites pour l'emploi de la chaux grasse.

Cuisson en grand des pouzzolanes artificielles.

L'appréciation d'une argile, comme matière à pouzzolane, peut se faire exactement en deux ou trois jours au plus, au moyen d'une analyse qui permette d'en doser séparément tous les principes (2). Il est en effet indispensable de connaître les proportions relatives de la silice et de l'alumine, et la quotité des deux substances prises ensemble, c'est-à-dire de l'argile proprement dite. Pour les principes inertes, il est également indispensable de connaître la quantité du carbonate de chaux; et comme il est impossible d'arriver à ces résultats sans rechercher le quartz et sans isoler le peroxyde de fer (3), il faut, comme on le voit, passer par toutes les opérations d'une analyse à peu près complète,

(1) Les deux moyens précédemment indiqués sont, 1° l'entière dessiccation des gangues, opérée naturellement en plein soleil; 2° la combinaison des principes par voie humide, agissant pendant une vingtaine de jours avant le contact de l'eau salée.

(2) S'il se trouvait de la magnésie dans l'argile, il faudrait la compter comme alumine.

(3) Il est tout à fait inutile de rechercher le manganèse, si quelques indices en annoncent la présence; il restera englobé avec le peroxyde de fer comme principe inerte.

donnant exactement le quartz, la silice, l'alumine le fer et le carbonate de chaux.

Nous n'entrerons dans aucun détail sur les moyens à employer pour effectuer une telle analyse ; nous ne pourrions rien apprendre aux lecteurs familiers avec les manipulations du laboratoire, et quant à ceux qui ne possèdent en chimie que des notions générales, nous sommes convaincu qu'un exposé si détaillé qu'il fût, ne suffirait pas à les mettre en état d'opérer avec une précision convenable. Il est une foule de petits soins et même certains tours de main que les livres ne peuvent enseigner. Le cas échéant donc, il faudra s'adresser à un chimiste de profession.

Quand on connaîtra la composition d'une argile, on en conclura immédiatement si sa pouzzolane peut ou non convenir à l'eau de mer, et dans tous les cas, lequel des deux procédés de cuisson désignés sous les noms de *normal* et de *suprà-normal* il faudra lui appliquer, pour en tirer tout le parti possible, soit en eau douce, soit en eau de mer.

Ceci nous conduit à la difficulté capitale, savoir : la cuisson pratique, problème qui peut s'énoncer ainsi : « Trouver un moyen de cuire bien uniformément en grand une matière donnée sous forme pulvérulente, en restant à chaque instant maître de la durée et de l'intensité du feu. »

Le premier moyen qui se présente, c'est le four à reverbère : or les essais infructueux d'un ingénieur habile, qui s'est théoriquement et pratiquement occupé de la chaufournerie, M. Pétot, nous dispensent d'étudier ce système de cuisson, reconnu suffisant pour la torréfaction des sables de gneiss, mais incomplet pour des poudres d'argile, tant sous le rapport de l'intensité que sous celui de l'égale répartition de la chaleur (1). Les mêmes inconvénients sont inhérents à tous moyens analogues, consistant à épandre les poudres ou poussières sur

(1) *Recherches sur la chaufournerie*, pag. 111 et 112.

une sole, en couches plus ou moins épaisses. La difficulté de les brasser et d'en présenter successivement toutes les parties à la flamme réverbérée, en rendrait toujours la cuisson inégale et conséquemment défectueuse.

On ne peut, d'un autre côté, songer à employer des creusets d'une grande capacité; les difficultés deviennent ici d'une telle évidence, qu'il paraît inutile de s'attacher à les énumérer.

Il ne faut pas oublier, que l'argile en poudre doit passer lentement par tous les degrés de chaleur, qui doivent en porter la température jusqu'à 600 ou 700° cent. Or, si l'on projetait subitement cette poudre sur une surface incandescente, elle serait soulevée et dissipée en grande partie par la vaporisation subite des portions d'eau les plus faiblement combinées; dans ces premiers instants, la poussière argileuse jouit d'une espèce de fluidité, qui la fait couler et s'épandre en tous sens comme de l'eau; mais plus tard, elle prend une consistance de neige ou de farine fine, qui lui donne le défaut contraire. Sans cette dernière circonstance, on aurait pu essayer d'un moyen en apparence assez simple, savoir: de faire parcourir à la poussière un tuyau métallique contourné en hélice, et échauffé de manière à présenter 300 ou 400° centig. à son extrémité supérieure, et 600 ou 700° au débouché inférieur. Le succès d'un tel moyen, convenablement étudié d'ailleurs, eût exigé évidemment que la poussière pût couler avec une vitesse uniforme, et sans y être excitée, dans le tuyau dont il s'agit, ce qui n'est pas possible. D'autres difficultés naîtraient aussi de l'impossibilité d'empêcher l'air froid de s'introduire dans ce canal, si on l'échauffait extérieurement, ou l'air brûlé d'emporter la poussière, si le chauffage s'effectuait intérieurement. Forcé par toutes ces considérations, d'imaginer d'autres expédients, nous nous sommes arrêté à une idée qui nous a paru extrêmement féconde par les ressources qu'elle offre, tant pour maîtriser la chaleur, que pour régler à volonté le temps de la cuisson, et aussi, pour que toutes les parties pulvérulentes soient successivement présentées au contact de l'air chaud et de la surface incandescente sur laquelle elles reposent.

Il faut concevoir un canal ou conduit à parois très-peu conductrices du calorique, et dans lequel une file de cylindres creux en fonte, tous contigus, sont tellement disposés, que de l'air chaud parcourant ce conduit, puisse toucher lesdits cylindres par toutes leurs faces. Il faut imaginer d'ailleurs, que chaque cylindre soit percé d'une ouverture au milieu de chacune des parois circulaires qui le terminent, et contienne une certaine quantité d'argile en poudre. Donnons au conduit une inclinaison telle, que le plus léger effort suffise à faire mouvoir la file de cylindres, ou même si l'on veut, que la file puisse se mouvoir d'elle-même, par le départ du cylindre extrême de la partie inférieure; comme on n'éprouvera aucune difficulté à enlever ce cylindre et à le remplacer à l'extrémité supérieure opposée, par un cylindre semblable chargé d'argile, on sera maître d'imprimer un mouvement continu, ou interrompu par des intervalles de temps égaux et déterminés, à toute la file, disposée comme il vient d'être dit.

Pour compléter ce premier aperçu, il faut imaginer maintenant qu'un foyer alimenté par un combustible quelconque, chasse de l'air chaud dans le conduit, et de telle sorte, que la température des cylindres les plus voisins de ce foyer soit soutenue à un degré déterminé, et décroisse de bas en haut suivant une progression régulière. Or, comme une telle hypothèse est réalisable, il s'en suit déjà qu'on serait maître de l'intensité du feu, premier point.

Maintenant, si la poussière d'argile n'occupe qu'une partie de chaque capacité cylindrique, et de telle sorte que la plus grande épaisseur n'excède pas les 4/5 du rayon, on conçoit, que par suite des révolutions successives que chaque cylindre aura à faire pour arriver du haut au bas du canal, cette poussière sera retournée plusieurs fois et mise successivement en contact, avec l'air chaud d'une part, et la paroi incandescente du véhicule de l'autre, d'où résultera l'égalité de cuisson, second point.

On conçoit de même qu'étant maître de régler la longueur du conduit, et l'intervalle de temps à mettre entre les désenfournements successifs des cylindres parvenus au bas de la course, on sera rigoureusement aussi maître de la durée du feu, troisième point.

Cet aperçu sommaire étant bien compris, il nous reste à entrer plus avant dans les détails et explications propres à démontrer la possibilité de réalisation du système.

La température à communiquer à l'argile ne devant pas excéder 700° centig., le véhicule doit pouvoir résister facilement et longtemps à 750 ou 800° au plus; or la fonte de fer ne commence à se fondre qu'à une très-haute température, que nous ne saurions évaluer exactement, mais dont on se fera facilement une idée, si nous disons que les métallurgistes l'assimilent à celle où le fer forgé devient *soudable*. Nous adopterons donc la fonte; nous avons pour sa durée des exemples très-concluants, dans les poêles en fonte grise chauffés à l'anthracite et maintenus incandescents pendant des hivers entiers, et suffisant à ce service pendant plusieurs années, dans les ménages de l'arrondissement de Grenoble.

L'art du chauffage est assez avancé aujourd'hui, pour que l'on puisse maîtriser un foyer de manière à ne pas transmettre plus de 700 à 800° centig. aux premiers cylindres atteints par l'air chaud; cette faculté résulterait du rapport de l'étendue de la grille focale à la section du canal échauffé, lors même que l'on n'aurait pas un moyen plus simple, dans le règlement du temps pendant lequel ces cylindres doivent rester enfournés. On serait maître d'ailleurs d'introduire un nouveau courant d'air chaud en un point quelconque du canal de chauffe, comme aussi de détourner le courant primitif, avant qu'il eût atteint le fond dudit canal, d'où il suit qu'aucun empêchement physique n'est à craindre, soit pour, soit contre la température à produire.

Les cylindres se refroidiront nécessairement dans l'opération du désenfournement et du réenfournement; il faudra donc qu'une partie de la chaleur développée au foyer, soit employée à restituer à ces véhicules ce qu'ils auront perdu dans cette circonstance; et cette chaleur ne profitera point à la cuisson de l'argile. Il importe donc de rendre la masse de fonte la plus petite possible, par rapport à la masse d'argile contenue. D'un autre côté, cette masse d'argile ne devant pas à beaucoup près remplir la capacité cylindrique, impose une seconde condition qui, combinée avec la précédente, nous a conduit à fixer à 0m,30 le diamètre intérieur et à 0m,006 l'épaisseur des parois (1). Relativement à cette épaisseur, il y a une question de résistance et de durée qui domine, et ne permet pas de descendre au-dessous de ce minimum, à moins que l'expérience ne vienne plus tard permettre une réduction.

Au-dessus de 0m,006 d'épaisseur, les parois offriraient en même temps plus de chances de durée et plus d'obstacles au refroidissement; nous avons comparé, sous ce dernier rapport, deux plaques de fonte à très-peu près égales en surface, mais l'une de 0m,0035 et l'autre de 0m,015 d'épaisseur, et pesant respectivement 64 et 187 grammes. Ces deux plaques, chauffées côte à côte, au rouge cerise, dans un même fourneau, accusaient en cet état 1000° centig. en nombre rond (2); mais après une minute de refroidissement dans l'air libre à 12°, la plus petite n'était plus qu'à 720°, et la plus forte qu'à 840°. Après deux minutes, ces chiffres étaient descendus respectivement à 518° et 706°, et après trois minutes à 372° et 593°; il y aurait donc eu à relever la température des deux plaques pour les ramener à 1000°, savoir :

	Après 1'.	Après 2'.	Après 3'.
Pour la plus petite, de.	280	482	682
Pour la plus forte, de.	160	294	407

(1) Il faudra que les parois intérieures des cylindres soient légèrement ridées ou sillonnées dans le sens de leur longueur, pour que la poudre d'argile ne puisse glisser et se mouvoir tout d'une pièce, comme un corps non désuni.

(2) Les températures ont été évaluées par la méthode d'immersion, en attribuant à la fonte, pour l'intervalle compris entre 12° et 1000° une capacité spécifique de 0,11, celle de l'eau étant 1,00.

Mais les deux masses étant comme 84 et 187, les nombres d'unités de chaleur nécessaires pour rétablir les températures initiales seraient, savoir (1) :

	Après 1'.	Après 2'.	Après 3'.
Pour la plus petite, de.	2,687	4,450	5,800
Pour la plus forte, de.	3,291	6,050	8,370

d'où il suit que l'avantage reste à la fonte mince, et se trouve d'autant plus prononcé, que le refroidissement est plus grand, ce qui était d'ailleurs facile à prévoir.

Quant à la longueur à donner aux cylindres, il est évident que, plus elle serait grande, plus aussi le rapport de la masse de fonte à la masse d'argile diminuerait, puisqu'il est pour la fonte une partie, savoir, les parois circulaires ou bases des cylindres, qui ne subit aucune variation de poids. Il importerait donc de tenir la longueur la plus grande possible, tout en s'arrêtant à la limite où le poids de la matière incandescente pourrait faire craindre une flexion. L'expérience seule pourra indiquer cette limite, et en attendant, nous avons adopté, relativement à un diamètre en œuvre de 0^{m},30, une longueur de 0^{m},70.

Les calculs suivants supposent donc qu'un cylindre de fonte grise, des dimensions décrites ci-devant, pèsera (y compris les bourrelets annulaires des extrémités, destinés à ménager un vide entre les parois extérieures de cylindre à cylindre) 57 kil. et contiendra 16 kil. d'argile en poudre, représentant 14^{k},08 de matière, et 1^{k},92 d'eau combinée. Le mètre cube d'argile en poudre est censé peser moyennement

(1) Pour élever d'un degré la température d'un kilog. de fonte, il faut un nombre d'unités de chaleur représenté par 0.11 ; donc, pour élever de m degrés une masse de fonte égale à P, il faudra $P \times m \times 0.11$ unités de chaleur ou calories. En général, si c représente la capacité ou chaleur spécifique d'une substance quelconque, d'une masse P, il faudra, pour élever sa température de m degrés, un nombre de calories égal à $P \times m \times c$.

900 kil., lesquels se réduiront par la cuisson à 792 kil., cubant moyennement $0^{m},84$, ce qui portera le poids du mètre cube cuit à 943 kil., donné conséquemment par 1071 kil. de poudre crue. Pour fournir donc un mètre cube de poudre cuite, ou pouzzolane artificielle, il faudra en nombre rond 67 cylindres, donnant un poids de fonte égal à 67×37 ou 2479 kil.

Soit 700° la température à laquelle devra s'opérer la cuisson, il faudrait donc élever à ce degré, 943 kil. d'argile et 2479 kil. de fonte, si chaque cylindre devait, dans l'intervalle du désenfournement au réenfournement, descendre de 700° à la température de l'air ambiant. Mais il n'en sera heureusement pas ainsi (1). En fixant à 2' au plus cet intervalle, y compris le temps de vider et d'introduire de nouvelle argile dans chaque cylindre, nous avons reconnu que la fonte conservera encore une température de 450 à 500°, d'où il suit qu'on n'aura à lui restituer au plus que 250°.

La cuisson d'un mètre cube de pouzzolane artificielle exigerait donc en roulement continu, selon les données moyennes qui précèdent, une quantité de chaleur capable d'élever 2479 kil. de fonte à 250°, et 943 kil. d'argile à 700°, en vaporisant en même temps 128 kil. d'eau (nous raisonnons dans le cas d'une argile pure).

Un kilogramme de houille moyenne pouvant développer 7500 calories au calorimètre à glace, et la capacité spécifique de l'argile étant de 0,22, on aura, savoir :

Pour la fonte. . . { $2479 \times 250 \times 0{,}11 = 68.172$ unités de chaleur fournies théoriquement par $9^{k},10$ de houille.

Pour l'argile. . . { $943 \times 700 \times 0{,}22 = 145{,}222$ unités de chaleur fournies théoriquement par $19^{k},36$ de houille.

Mais la perte de chaleur causée par la haute température à laquelle

(1) Dans le cas où l'on voudrait utiliser immédiatement la chaleur des cylindres désenfournés, y compris celle de l'argile contenue, on pourrait les introduire dans un canal, par où passerait, en s'échauffant aux dépens de tous deux, l'air qui se rend au foyer.

devront s'échapper les gaz à demi brûlés (1), ne permet guère de compter que sur les 2/3 de l'effet total ou théorique du combustible employé à échauffer la fonte et l'argile, circonstance qui résume ainsi qu'il suit la dépense en houille (2).

Pour réchauffer la fonte.	12^k,13
Pour cuire l'argile.	25 ,80
Pour en vaporiser l'eau.	16 ,00
Total.	53^k,93

S'il n'y avait pas de fonte à réchauffer, cette quantité de houille se réduirait à 41^k,80; mais, dans les fours coniques à feu continu, alimenté avec de la houille, on a trouvé qu'il fallait, suivant la nature de l'argile, de 60 à 90 kil. de houille par mètre cube de pouzzolane, mesurée en poudre fine, d'où il suit que nonobstant tout ce que ce mode de cuisson a d'économique dans sa nature, il reste, quant à la consommation de combustible, plus dispendieux que le procédé que nous proposons, le réchauffement de la fonte compris; et cela tient

(1) L'expérience a prouvé qu'il est presque impossible de brûler complétement l'air qui alimente la combustion, on admet assez généralement qu'il s'en échappe la moitié sans être altéré.

(2) En supposant l'emploi d'une houille moyenne, composée de 88 de carbone, de 2 de cendres, de 5 d'eau et de 5 d'hydrogène en excès sur celui que contient l'eau, on calcule le volume d'air nécessaire à la combustion d'un kilog. de cette houille, en partant de la quantité d'oxygène exigée par la combustion d'un kil. de carbone et d'un kil. d'hydrogène, et l'on arrive théoriquement à 9^m,05 cubes; mais comme il ne se brûle moyennement que la moitié de l'air qui passe par le foyer, il faut doubler cette quantité, ou tout au moins arriver à 17 mètres cubes, parce que les cendres de 1 kil. de houille excèdent ordinairement 0,03. Or, l'air ayant une chaleur spécifique quatre fois plus petite que celle de l'eau, 1 kil. de houille élèvera 1 kil. d'air à une température quadruple, ou à $4 \times 7500 = 30000°$; mais si cette quantité de chaleur est reçue dans 17 mètres cubes d'air pesant $17 \times 1,30 = 22,10$, la température de cet air ne sera plus que de $\frac{30000}{22,10} = 1357°$. Telle est la température d'un foyer dans lequel il n'entre pas plus d'air qu'il n'en faut pour se brûler à peu près à moitié; mais il a été reconnu que le plus grand effet utile de la combustion a lieu quand l'air à demi brûlé s'échappe à 300° ou à peu près; donc, la perte d'effet utile dans le canal de chauffe sera de $\frac{300}{1357} = 0,22$, et nous avons porté ce chiffre à 0,33 pour plus de sûreté dans les calculs (Voy. le *Traité de la chaleur*, par M. Peclet, et l'*Essai sur la chaufournerie*, par M. Petot).

évidemment aux dimensions des fragments d'argile et au peu de conductibilité de cette matière, qui se trouve cuite dans sa périphérie longtemps avant que la température extérieure en ait atteint le centre.

Au surplus, 20 kil. de houille en plus ou en moins par mètre cube de pouzzolane cuite représentent à peine $0^f,60$, et c'est bien moins pour établir la possibilité d'une économie en ce sens, que pour nous rendre compte de la totalité de la dépense inhérente au nouveau procédé proposé, que nous sommes entré dans tous ces détails.

Si, du cas de l'argile pure, soumise à cuisson normale, nous passons à celui des argiles marneuses soumises à cuisson suprà-normale, nous nous trouvons dans l'obligation d'augmenter la quantité de houille précédemment trouvée d'environ 11 kilog. par chaque mètre cube de matière. Le calcul est fondé sur les mêmes principes que ci-devant, en observant que les chaleurs spécifiques du calcaire et du gaz acide carbonique sont exprimées par le chiffre 0,22. L'exemple choisi est celui d'une argile marneuse contenant sur 100 parties, 55 d'argile, 24,40 de chaux, 17,60 d'acide carbonique, et 5,00 d'eau. Sa cuisson suprà-normale exigerait ainsi $64^{kil},95$ de houille par mètre cube.

Nous ne voulons pas tenir compte des réductions que pourrait amener l'application de l'air chaud, sortant du canal de chauffe, au dessèchement préalable des argiles, parce que, en fait de dépenses approximativement évaluées, on doit se tenir constamment dans de larges limites.

Pour compléter ces calculs de cuisson, il faudrait pouvoir préciser le temps pendant lequel un cylindre ou un couple de cylindres devra rester exposé au courant d'air chaud; le manque de données précises sur la conductibilité de la fonte et de l'argile, rend la solution théorique du problème presque impossible, mais l'expérience y suppléera facilement; quelques tâtonnements indiqueront les relations qui doivent nécessairement s'établir, entre la quantité de combustible consumée par heure, la longueur et la section du canal de chauffe et les masses de fonte et d'argile à échauffer, relativement à l'intervalle de temps compris entre deux désenfournements successifs, en se tenant d'ailleurs dans les conditions du plus grand effet utile de la combustion, savoir : l'évacuation des gaz brûlés à une température d'environ 300° (1).

Donnons-nous quelques exemples, fixons, comme il a été déjà dit, à 2 minutes l'intervalle des désenfournements, il y aurait en 24 heures 720 fois 14kil.,08 de poudre cuite, soit 10137kil.,60 ou 10m.,75 cubes de pouzzolane. Dans ce cas, il suffirait de brûler 579kil.,74 de houille ou 24kil.,15 par heure, et si demi-heure suffisait à la cuisson, le canal de chauffe devrait comprendre 15 cylindres occupant une étendue en longueur de 5m.,13.

Supposons en second lieu que l'intervalle des désenfournements soit porté à trois minutes, et que l'on désenfourne deux cylindres en même temps, il y aurait en 24 heures 480 fois 28kil.,16 de poudre cuite, soit 13516kil.,80 ou 14m.,33 cubes de pouzzolane. Dans ce cas, il faudrait brûler 772kil.,81 de houille ou 32kil.,20 par heure, et si trois quarts d'heure suffisaient à la cuisson, 15 cylindres seraient encore nécessaires. Pour demi-heure, on n'aurait besoin que de dix cylindres.

On peut varier ces combinaisons sans sortir des limites du *praticable*, et comme on a des exemples de foyers brûlant 50 kilogrammes de houille par heure, on voit qu'il ne serait pas impossible de fabriquer 20 mètres cubes de pouzzolane par 24 heures.

---

(1) Soit x la température moyenne prise par 16 kil. d'argile introduite à 15° dans un cylindre de 37 kil., échauffé à 450 ou 500°. Lorsque l'équilibre de température sera établi, la fonte aura perdu $500°-x°$, et l'argile gagné $x°-15°$. Pour restituer à la fonte $500-x$, il faudrait employer un nombre de calories représenté par $(500-x) \times 37 \times 0,11$. Or il a fallu pour élever l'argile à $x°-15°$, un nombre de calories exprimé par $(x-15) \times 16 \times 0,22$. Et ces quantités de chaleur doivent évidemment être égales ; donc on aura $(500-x) \times 37 \times 0.11 = (x-15) \times 16 \times 0,22$, d'où $x=275°$. Ainsi, à part la petite quantité d'eau à vaporiser dans les 16 kil. d'argile, on voit qu'il n'y a rien de contradictoire, entre la condition des gaz brûlés, s'échappant à 300°, et le réenfournement des cylindres, conservant une température de 500°, puisque celle-ci doit s'abaisser à 275° par le fait de l'introduction de l'argile.

Après ces recherches sur la cuisson, nous avons dû nous occuper de la pulvérisation des argiles crues. Les argiles cuites ne présentent sous ce rapport aucune difficulté. Leur réduction en poudre fine peut s'effectuer par le bocard, ou à bras par le pilon; on peut employer la meule verticale, tournant dans une auge circulaire, ou la meule horizontale disposée comme elle l'est pour la mouture des céréales, ou enfin le système de moulin connu sous le nom de moulin à café ou à poivre, mais établi sur de grandes dimensions, les argiles crues comme toutes les substances douces et savonneuses au toucher, ont à empâter la râpe ou à se ramasser sous le pilon, une tendance qui ne permettrait probablement pas de leur appliquer, avec chances de succès, le bocard ou la meule verticale; mais lorsqu'elles ont subi une forte dessiccation, soit au soleil, soit artificiellement, à 80° ou 100°, elles se divisent très-bien au moulin à poivre et au moulin à farine.

Nous allons passer en revue, sous le rapport de l'efficacité et de la dépense, les divers moyens de pulvérisation indiqués ci-dessus.

Pilonage à la main.

Sur les chantiers du port de Souillac, une femme à la tâche fournissait dans sa journée $0^{m},10$ cubes de poudre fine provenant de briques d'une dureté moyenne; ce travail lui était payé 90 cent. A ce prix, le mètre cube revenait à 9 fr.

Sur d'autres chantiers, à Argentat, le pilonage de 211 mètres cubes de pouzzolane artificielle, provenant d'une terre argileuse un peu sablonneuse et légèrement cuite, a exigé 281 journées de piloneuses, auxquelles on a payé une somme totale de $204^{fr},75$. Le mètre cube n'a donc coûté que $0^{fr},966$, c'est-à-dire presque dix fois moins que dans l'exemple précédent. Cette énorme différence tient évidemment à la grande différence de cohésion des deux matières.

Pulvérisation par la meule verticale.

Aux travaux du fort Boyard, une argile cuite, assez dure, écrasée sous une meule de fonte mue circulairement par une mauvaise machine à vapeur, puis tamisée, coûte, d'après les renseignements donnés par M. Garnier, ingénieur en chef, 7 francs le mètre cube.

Une meule analogue appliquée, à l'aide d'un manége, à la pulvérisation d'une argile cuite tenant moitié sable, a exigé, sur les travaux de la pointe de Grave, pour pulvérisation et tamisage de 345 mètres cubes, 1800 heures d'un cheval, et 218 journées de manœuvre. Or, en fixant à 10 heures le travail de la journée, et à 5 francs celui du cheval, et à 2 francs celui du manœuvre, on trouve que le mètre cube a dû coûter 3$^{fr.}$,87. Nous tenons ces détails de M. l'ingénieur Pairier.

Ces prix subiraient évidemment une forte réduction, si l'on pouvait substituer aux moteurs animés, l'action de l'eau ou du vent. M. l'ingénieur en chef Néhou nous a écrit que, lorsque les meules verticales qu'il emploie pour pulvériser sa pouzzolane étaient mues par des chevaux, le mètre cube lui coûtait de 4 à 5 francs, et que depuis qu'il a substitué aux chevaux un moulin à vent qui écrase et tamise tout à la fois, ce prix s'est réduit à 2 francs, et pourrait même descendre à 1$^{fr.}$,75, tous frais compris, si les ailes du moulin avaient plus de longueur.

Sur les travaux du canal latéral de la Garonne à Agen, le prix de pulvérisation et de tamisage d'une pouzzolane artificielle très-friable a été trouvé de 13$^{fr.}$,50 pour 5 mètres cubes, savoir : une journée et demie de cheval à 5 francs, et trois journées de manœuvre à 2$^{fr.}$,50, donc par mètre cube 2$_{fr.}$,70. Nous devons ces détails à M. l'ingénieur Couturier.

Moulin dans le système des moulins à café.

Le moulin, suivant ce système, employé par M. l'ingénieur en chef Marinet sur les travaux de la Marne, pulvérise, à l'aide de deux hommes et d'un cheval, de 4 à 5 mètres cubes de pouzzolane par jour, tamisage compris. L'argile cuite a, à peu près, la ténacité de la brique. Le moulin, y compris les frais d'établissement, coûte environ 1,400 francs. Le prix moyen pour 4 mètres cubes et demi est donc de 9 francs, soit 2 francs par mètre.

M. Marinet a bien voulu, à notre prière, faire essayer au même moulin, la pulvérisation de l'argile crue : M. Krantz, ingénieur des ponts et chaussées, attaché au service du département de la Marne, a dirigé cette expérience, de laquelle il résulte qu'un seul cheval exerçant un effort ordinaire, a réduit en poudre très-fine, en 75 minutes, un demi-mètre cube d'argile préalablement desséchée à une température de moins de 100°; le moulin ne s'est pas graissé, d'où l'on peut conclure que par un travail continu, on n'aurait à le nettoyer que deux fois par jour *au plus*. Un tel moulin fournirait donc 4 mètres cubes en une journée de 10 heures; la main-d'œuvre pour deux ouvriers et un cheval coûterait 9 francs, donc le mètre cube reviendrait à 2fr.,25, prix un peu plus élevé que celui de la pulvérisation de la même argile cuite.

Le même moulin, appliqué à Paris à la pulvérisation de l'argile crue bien sèche, a produit, au moyen de trois journées de manœuvre et de deux journées de cheval (la journée étant de 10 heures), 6 mètres cubes tamisage compris.

Si l'on maintient les mêmes prix de journée que ci-devant, on arrive à 16 francs pour les 6 mètres, ou à 2fr.,66 par mètre.

M. Rousseau, fabricant de chaux hydraulique artificielle à Paris, et de qui nous tenons ces renseignements, ajoute que lorsqu'il s'agit de l'argile cuite, telle qu'il la prépare pour sa pouzzolane artificielle, il ne peut obtenir par journée de travail de 13 heures, avec deux hommes et deux chevaux, que 5 mètres cubes de poudre fine tamisée; il y a donc ici une différence en faveur de l'argile crue. Elle était précédemment en faveur de l'argile cuite, et cela s'explique par le parti pris, d'une part d'arriver du premier coup à un grand degré de finesse, et en dernier lieu de moudre grossièrement et d'arriver au même résultat par le tamisage.

Moulin ordinaire à farine.

Le moulin ordinaire à farine pulvérise très-bien les argiles cuites. Il a été employé avec le même succès à la pulvérisation des ciments. Il réduit ces matières avec une grande facilité, et lorsqu'on ne vise pas à une grande finesse, une meule de $1^{m},72$ de diamètre, pesant 1,800 kil., animée d'une vitesse de 70 à 80 tours par minute, broie en une heure jusqu'à 7 hectol. ou $0^{m},70$ cube de ciment. La même meule ne peut rendre pendant le même temps que $0^{m},20$ cube de farine; mais aussi la poudre de ciment n'a guère que le 1/4 de la finesse de la farine. Il n'y a d'ailleurs aucune analogie de cohésion entre les deux substances.

La même meule, appliquée à la pulvérisation d'une argile crue très-douce, légèrement ocreuse et préalablement desséchée dans un four à pain à une température d'environ 250°, donne par heure, en poudre d'un grain impalpable, 12 hectol. bien facilement. La poudre sort en un courant continu de la grosseur du bras. Or, un moulin pouvant moudre en 24 heures 48 hectol. de blé, sans bluttage, et 1 hectol. se payant ordinairement $0^{fr},75$ c., ledit moulin doit faire une recette de 36 francs. Si on le louait donc pour l'appliquer à la mouture de l'argile crue, il faudrait le payer au moins 50 francs par jour, à cause de la plus grande détérioration des meules, des embarras de la poussière, etc. Or, d'après ce qui précède, on obtiendrait en 24 heures

289 hectol. d'argile en poudre, donc les 10 hectol. ou mètre cube coûteraient 1fr.,74.

Si le même moulin ne devait travailler que 14 heures, comme il est d'usage dans certaines localités, où l'on ne fait que 28 hectol. de farine par jour, la recette n'étant que de 21 francs, on devrait le payer au moins 30 francs, et on obtiendrait à ce prix 168 hectol. d'argile en poudre; donc les 10 hectol. ou mètre cube coûteraient 1fr.,78.

On conçoit qu'une grande fourniture donnerait lieu à des conditions plus avantageuses en proportion.

Limite supérieure du prix de revient d'un mètre cube de pouzzolane artificielle, d'après les documents qui précèdent.

Le quintal métrique (100 kil.) de houille à longue flamme coûte sur les houillères de 0fr.,70 à 2fr.,80, selon le département et la richesse de l'exploitation. La moyenne, calculée sur le prix de dix-neuf départements, n'est que de 1fr.,30. Il est impossible d'ajouter à cette moyenne un prix moyen de transport rigoureusement calculé, mais en remarquant qu'à Alger même le tonneau de marine ou les 1000 kil. ne se vendent que 33 francs, soit 3fr.,30 les 100 kil., on conviendra qu'en fixant ce prix à 3 francs pour les côtes de France, nous exagérons sensiblement.

Ce sera faire aussi une large part à la pulvérisation que de l'évaluer à 3 francs le mètre.

Et si d'un autre côté nous réduisons à 10 mètres cubes par 24 heures le produit de la cuisson, en supposant pour la main-d'œuvre deux relais composés chacun de trois chaufourniers payés 4 francs par jour nuit comprise, nous nous tenons encore dans des limites très-acceptables.

Partant de ces bases, nous établissons ainsi qu'il suit notre sous-détail :

$1^m,00$ cube d'argile crue en fragments de toute grosseur.	a , »
$1^m,15$ cube de poudre rendue par la pulvérisation de cette argile, à 3 fr. le mètre.	$3^{fr.},45$
$1^m,00$ cube de pouzzolane artificielle rendue par la cuisson de 1,15, exige en journées de chaufourniers.	2 ,40
En combustible, 65 kilog. de houille à 3 fr. les 100 kilog.	1 ,95
Établissement et faux frais pour une fourniture de m mètres cubes.	$\frac{3000}{m}$
Total. . . . $a + \frac{3000}{m} +$	$7^{fr.},80$

Selon cette évaluation, on aurait pour les prix du mètre cube de pouzzolane artificielle correspondants à divers prix du mètre cube d'argile mesurée en mottes, le tableau ci-après, qui suppose une fourniture de 1000 mètres cubes (1) :

Prix de l'argile.	Prix de la pouzzolane.
1,50	12,30
2,00	12,80
2,50	13,30
3,00	13,80
3,50	14,30
4,00	14,80

Quelques détails sur la disposition du fourneau.

L'expérience apporte toujours de grandes modifications aux conceptions de cabinet les mieux étudiées ; en donnant donc ici l'esquisse d'un fourneau à pouzzolane artificielle, nous ne saurions avoir la prétention d'offrir un projet arrêté dans toutes ses parties; notre but est uniquement de montrer, d'une manière générale, mais exacte quant au système, comment nous en comprenons la réalisation.

(1) Le bénéfice n'est pas compris; il y aurait aussi quelque chose à ajouter pour certaines éventualités de faux frais, mais fort peu de chose, car après la fourniture des 1000 mètres cubes, le mobilier et les matériaux des hangars, etc., auraient encore de la valeur.

La figure 4, Pl. II, représente la coupe verticale prise sur l'axe du canal de chauffe *mm*; l'inclinaison de ce canal ne pourra être définitivement réglée que par l'expérience ; il faudra reconnaître sous quelle pente, une file de cylindres chargés chacun de sa dose d'argile et portés sur des rails, sera tenue en arrêt par le seul obstacle d'une courte contre-pente, et avec cette condition, qu'il soit possible de faire franchir cette contre-pente au cylindre chef de file, par une traction médiocre. On conçoit que la solution du problème sera aussi simple par l'expérience qu'elle le serait peu par le calcul.

Les cylindres rouleront sur des rails en fonte assez saillants pour que les cendres, emportées par le courant d'air chaud, ne puissent les obstruer. La manœuvre ne présente aucune difficulté : la porte vanne qui ferme le canal étant élevée, on attire le cylindre *c* dans la chambre *xx*; au même instant toute la file descend, et le cylindre *c* se trouve remplacé par celui qui le précédait immédiatement; on ferme, on décharge le cylindre parvenu en *b*, on le roule après jusqu'en *a*, d'où il est promptement transporté en *e* à l'entrée supérieure du canal; là il est chargé et enfourné avec la même promptitude; les diverses manœuvres peuvent s'effectuer en une minute ou une minute et demie au plus.

La figure 6 représente le plan de raccordement du foyer avec le canal de chauffe, et la figure 5 achève de faire comprendre comment l'air chaud arrive du foyer audit canal.

Bien que ces diverses parties du fourneau puissent être mesurées d'après l'échelle de la planche II, on conçoit que l'expérience pourra seule indiquer les vrais rapports qui doivent coordonner toutes ces parties : la grille du foyer, par exemple, devra être plus ou moins éloignée de l'entrée du canal de chauffe, selon que le combustible employé donnera une flamme plus ou moins longue (1).

(1) Avec le charbon, le coke ou l'anthracite, l'air brûlé atteint immédiatement sa plus haute température, et se refroidit à mesure qu'il s'éloigne du combustible. Avec le bois et les houilles grasses, la

La section totale de ce canal ne pourra être bien exactement déterminée que par tâtonnement; les formules que donnent les traités spéciaux (1), relativement à l'écoulement de l'air chaud, supposent qu'il a lieu dans des conduits cylindriques ou prismatiques à section vide, mais ici les résultats seraient modifiés par les remous et déviations en divers sens, dus à l'obstacle formé par la file des cylindres; la partie libre de la section de notre canal ne saurait donc se conclure théoriquement de l'étendue de la grille focale et de la vitesse de consommation du combustible, vitesse d'où dépend celle du courant d'air chaud. Nous ne saurions même décider *à priori*, s'il conviendra de maintenir l'égalité continue de cette section, telle qu'elle est figurée sur les dessins de la planche, ou s'il deviendra nécessaire de l'agrandir de bas en haut, afin de modérer d'une part les premiers effets de la haute température du foyer, et d'en rendre d'un autre côté le décroissement moins rapide.

Toutes ces questions seront résolues une fois pour toutes et très-facilement par quelques expériences *ad hoc*.

Pour ce qui touche à la durée de cuisson, c'est-à-dire au temps qu'il faudra donner à un cylindre pour parcourir toute la longueur du canal de chauffe, nous rappellerons d'abord que la température du foyer sera d'environ 1500°, et que nous ne devons porter celle de l'argile qu'à 700° au plus. Cela étant, si nous fixons à deux minutes l'intervalle de temps compris entre deux désenfournements successifs, la variable du problème ne portera plus que sur la longueur du canal, et pour la déterminer, on aura deux sortes de moyens, savoir : les moyens chimiques et les moyens physiques.

Les moyens chimiques consisteront à s'assurer *à priori* de la quantité d'alumine que l'argile dont on dispose abandonne à l'acide hydrochlorique ou sulfurique quand elle a été cuite normalement dans

---

combustion se continue au delà du combustible, et la température n'arrive à son maximum que vers la fin de cette combustion.

(1) *Traité de la chaleur*, par M. Péclet.

un creuset, ainsi qu'on l'a indiqué pages 12 et 13. Or la longueur du canal de chauffe qui permettra à l'argile enfournée de se modifier chimiquement, de manière à céder aux mêmes réactifs la même quantité d'alumine, sera celle qu'il faudra adopter.

S'il s'agit d'une argile marneuse à laquelle il faille appliquer la cuisson suprà-normale, on aura à y retrouver après le parcours du canal, la même fraction d'acide carbonique que laisse ce mode de cuisson pratiqué dans le laboratoire, et tel qu'il a été décrit page 15, fraction qui forme environ le cinquième de ce qu'en contenait la substance marneuse à l'état naturel. Il serait certainement préférable de pouvoir expulser tout l'acide carbonique de la partie calcaire, mais il ne resterait dans l'argile ainsi cuite, aucun indice de plus que si elle eût reçu un coup de feu supérieur au degré suprà-normal, et l'on a vu que la seule moyenne cuisson de brique suffit déjà pour rendre la matière à peu près inerte.

Les moyens physiques seraient beaucoup plus simples; ils consisteraient à introduire dans les cylindres qu'on aurait choisis pour régulateurs, un alliage fusible à environ 850° (1); la température convenable se trouvant au-dessous de cette limite, on réglerait, une fois pour toutes, l'allure du fourneau, de manière à s'y maintenir; nous disons

---

(1) « La poudre d'argile ne prendra pas tout à fait la température du cylindre qui la contient; si donc l'alliage métallique dont la *non-fusion* doit servir de limite à cette température, pouvait rester continuellement suspendu dans cette poudre, il suffirait de le composer *avec 50 parties de cuivre et 60 parties de plomb*. Mais comme il est probable que son poids le fera presque constamment descendre au contact de la fonte incandescente, il faudra employer *le cuivre et le plomb par parties égales*. Telle est la proportion à laquelle le tâtonnement conduit, abstraction faite de toute mesure pyrométrique, c'est-à-dire qu'au point où cet alliage commence à se fondre sur la paroi chauffée plus fortement que ne le demande la cuisson de l'argile, l'argent mis en présence est encore éloigné du terme de sa fusion.

» Quant à la limite inférieure de la température, elle peut, indépendamment des moyens chimiques ci-dessus indiqués, se régler par la condition de dépasser franchement le rouge *sombre*.

» On se procurera facilement l'alliage fusible, cuivre et plomb, chez un fondeur; on le fera couler en forme de baguette de 7 à 8 millimètres de grosseur, sur une longueur indéfinie, et on en tirera au besoin des bouts ou fragments pour les essais; il est sous-entendu que le cuivre et le plomb employés doivent être très-purs. »

une fois pour toutes, parce que la consommation, par heure, du combustible et l'intervalle de temps entre les désenfournements étant invariablement donnés, l'allure résulterait de la longueur conclue pour le canal, et cette longueur une fois déterminée, il n'y aurait pas de raison pour que la cuisson cessât d'être à peu près uniforme. On pourrait d'ailleurs répéter l'épreuve de temps à autre (1).

Nous n'avons rien dit de l'emploi de l'air qui sort du canal de chauffe à une température d'environ 300°, on l'appliquerait naturellement à la dessiccation de l'argile humide, telle qu'elle sort des fouilles, et à ce sujet, il ne peut se présenter aucune difficulté sérieuse. Il n'y aura qu'à choisir parmi les systèmes de séchoirs connus celui qui paraîtra convenir le mieux à l'objet qu'on a en vue (2), en dirigeant, par exemple, l'air chaud sous l'argile en mottes, portée sur des grilles et entourée d'une paroi peu conductrice, comme la pierre calcaire dans un four à chaux à longue flamme, et avec la faculté de retirer par le bas les mottes sèches au fur et à mesure, sans interrompre la continuité du séchage. Cette dessiccation artificielle n'est, au surplus, présentée ici que comme moyen auxiliaire ; il va sans dire que l'on profiterait, autant que possible, de la belle saison et de la chaleur solaire pour s'approvisionner d'argile sèche proportionnellement aux besoins prévus.

Nos calculs sur la consommation et le prix du combustible ont été basés, comme on l'a vu, sur l'emploi de la houille à flamme. Il est évident que le bois se prêterait plus facilement encore à notre système de cuisson ; voici pour les personnes qui voudraient se rendre compte des modifications apportées à la dépense par le choix de tel ou tel combustible, une comparaison suffisamment approximative des valeurs

---

(1) Le nouveau système de foyer qui régularise la combustion en évitant les rechargements successifs et les inconvénients qui en résultent, trouverait ici une utile application.

(2) Nous ne saurions trop recommander la dernière édition du savant *Traité de la chaleur* par M. Péclet, comme renfermant, en fait de théorie et d'application, des documents d'une haute utilité.

ou puissances calorifiques des principaux combustibles : celle du charbon de bois étant 100, on a pour le bois 50 ; pour le coke 83 ; pour la moyenne des houilles 104 ; pour l'anthracite 101, et pour la tourbe sèche 49.

Description du foret à essayer les gangues pouzzolaniques, et manière de s'en servir.

Ce foret (*Voy.* les dessins cotés ci-contre, Pl. I) consiste en une tige cylindrique d'acier, portant comme à l'ordinaire une tête quadrangulaire, et terminée à sa pointe par un ciseau méplat, de 2 cent. de longueur sur 6 mill. de largeur et 2 mill. 7/10 d'épaisseur, avec taillant à deux biseaux. Le foret s'engage librement par sa tête dans la mortaise d'une rondelle de bois, munie d'une manivelle. C'est sur ce plateau que se pose la masse hémisphérique de plomb qui presse sur l'outil et lui donne tout compris un poids de $2^{kil.}$,6988.

La gangue à essayer se place dans l'intérieur et sur la base inférieure d'un cadre vertical en bois, percé dans le milieu de la traverse supérieure d'un trou circulaire un peu plus grand que le diamètre de la tige du foret ; c'est par ce trou recouvert d'une petite plaque en cuivre percée aussi pour recevoir à frottement doux ladite tige, que l'on introduit celle-ci en lui donnant sur la gangue en expérience une position bien verticale.

Il faut au point où cette gangue doit être attaquée, préparer l'entrée du foret par une amorce plus ou moins profonde, selon que l'on veut mesurer la cohésion, à la surface ou en dessous. Les choses étant ainsi disposées, on emplit d'eau le trou amorcé, on embrasse de la main gauche le montant gauche du cadre, et l'on saisit la pièce en expérience avec le pouce et l'index de la même main, pour en assurer la position. Puis on prend la manivelle du plateau avec le pouce et l'index de la main droite, et l'on imprime au foret un mouvement rotatoire uniforme, avec une vitesse d'un tour par seconde à peu près.

On continue à tourner ainsi, en comptant les tours, jusqu'à ce que l'outil ait pénétré de 6 millimètres dans la gangue, ce dont on s'assure par le moyen d'un curseur embrassant le haut de la tige, et amené à 6 millimètres au-dessus de la petite plaque de cuivre dont on a parlé.

Il faut que dans le cours de l'opération, le trou foré soit constamment rempli d'eau, afin que jamais l'outil ne puisse polir la surface qu'il a mission d'attaquer.

Après chaque essai, le taillant du ciseau doit être rafraîchi par quelques tours de meule; il faut qu'il soit de bon acier, trempé de toute sa force.

FIN.

PARIS. — IMPRIMERIE DE FAIN ET THUNOT,
Rue Racine, 28, près de l'Odéon.

ERRATA.

Pages.	Lignes.	
35	11	en remontant, au lieu de : 26 p. 100, *lisez* : 36 p. 100.
40	4	au lieu de : avoir :, *lisez* : savoir :.
60	1	en remontant, au lieu de : grasse et tendre, *lisez* : grasse et tenace.
65	13	au lieu de : une mélange, *lisez* : un mélange.
101	4	au lieu de : gangues pozzolaniques, *lisez* : gangues pouzzolaniques.
103	3	en remontant, dans la dernière colonne, au lieu de : L gangue, *lisez* La gangue.
123	2	en remontant, au lieu de : 2fr.70, *lisez* : 2fr.,70.

MACHINE A MESURER LA COHÉSION DES GANGUES POUZZOLANIQUES

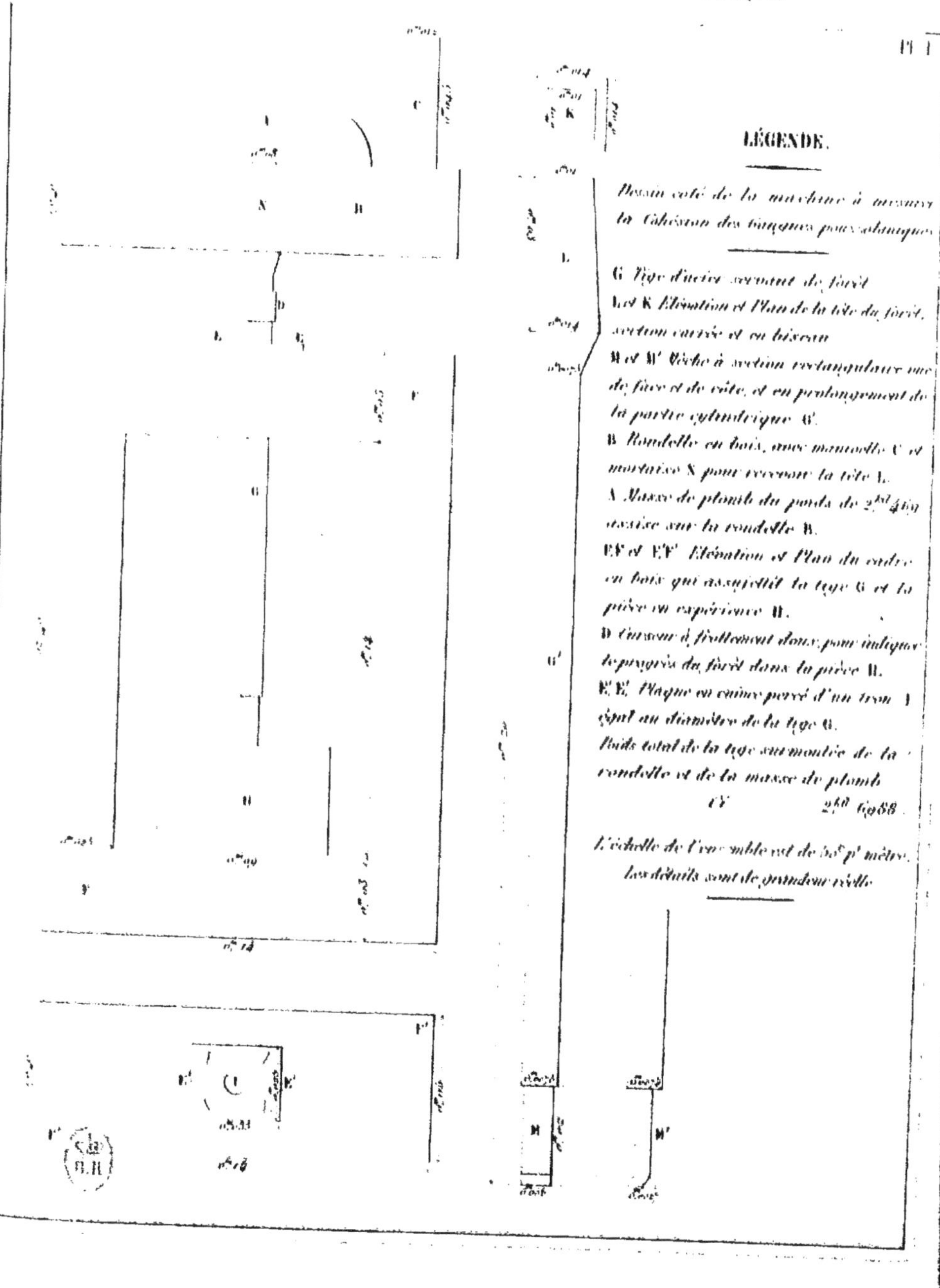

DESSINS ET DÉTAILS D'UN FOURNEAU À POUZZOLANE ARTIFICIELLE

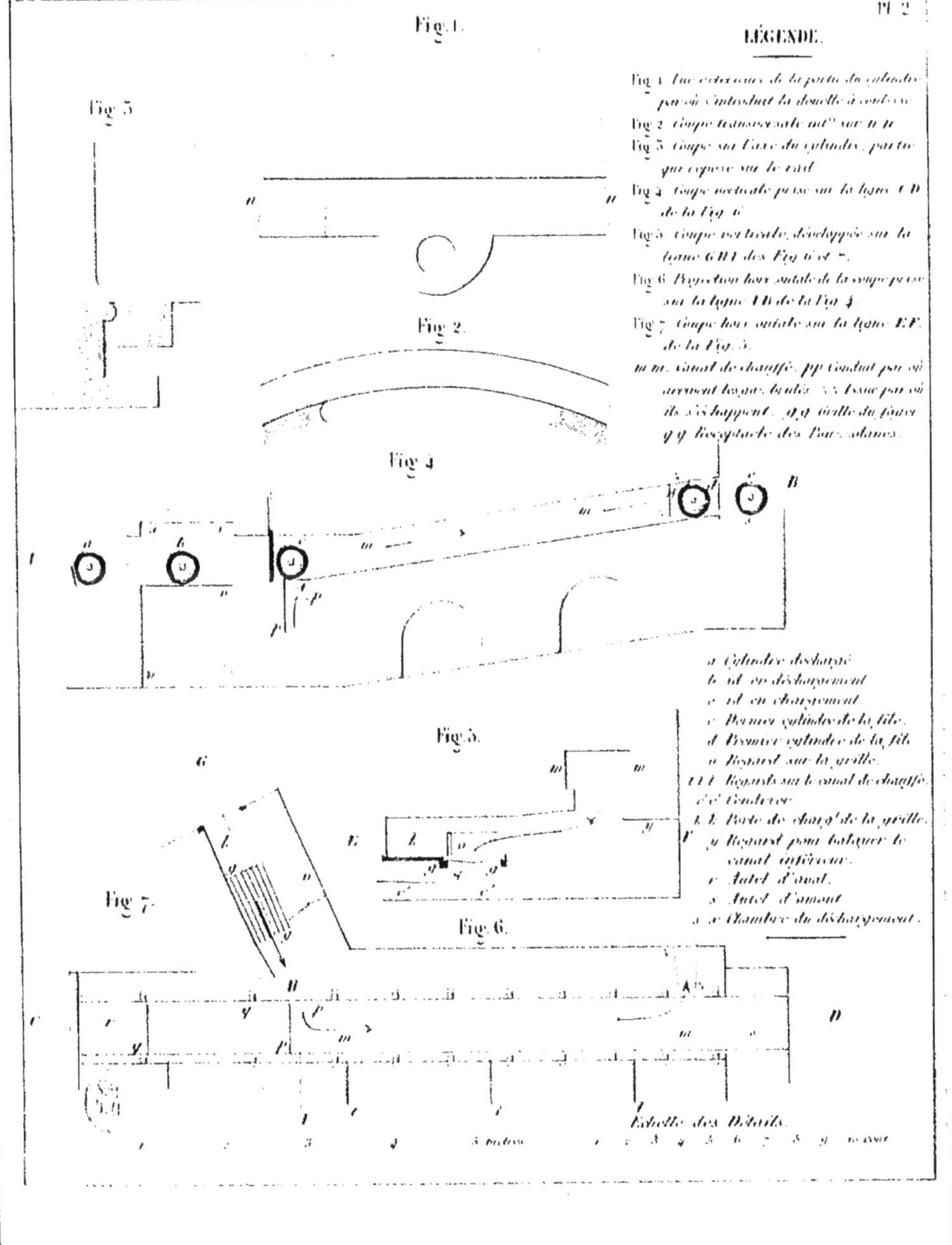